Chemisches Know-How um 1700

Methoden und chemische Prozesse der Alchemie

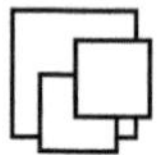

1. Auflage, 2024
Einbandgestaltung: Dr. Tobias Schick
Inhalt verfasst von Dr. Tobias Schick (Autor). Die Rechtschreibkorrektur des finalen Textes erfolgte durch ChatGPT Version 3.5 (Dez. 2023). Der korrigierte Text wurde durch den Autor gegengelesen und auf Inhalt überprüft.
Herstellung und Verlag: BoD – Books on Demand, Norderstedt
ISBN 9-783759-713803

Vorwort

Es kommt vor, dass die Arbeitsmethoden der Alchemie oft als eine Art Panschen abgetan werden. Dabei wird das Bild eines Alchemisten gezeichnet, der ohne Vorahnung Stoffe miteinander mischt, destilliert oder zur Reaktion bringt. Während des Verfassens des Bandes "Theorie und Praxis der Alchemie" präsentierte sich die Alchemie jedoch nach dem Studium der Literatur aus jener Zeitepoche in einem anderen Gewand. Es gibt durchaus mystische Werke, aber auch solche, die sehr luzide Inhalte und Arbeitsmethoden erklären. Beim weiteren Studium der Literatur zeigt sich die Finesse der Arbeitsmethoden der Alchemisten. Je nach Veröffentlichung wird nicht mehr von den sich mystisch erhebenden Geistern gesprochen, sondern von destillierten Substanzen. Es finden sich mehrere Veröffentlichungen, in denen ein Index zur Durchführung chemischer Synthesen vorhanden ist. Eine Systematik über die praktische Arbeit der Alchemie zeichnet sich in den alchemistischen Werken ab. Mit zahlreichen originalen Darstellungen alchemistischer Arbeiten soll in dieser Veröffentlichung der praktischen Arbeitsweise einstiger Alchemisten Rechnung getragen werden. Es sei auf die Fülle der Methoden und Synthesen hingewiesen, welche hier nur rudimentär und der Fülle wegen nicht vollständig abgedeckt sind.

Index

Index

Index

Seite 1: Alchemisten forschen in ihren Kräutergärten nach neuen Wirkstoffen, die sie durch Destillation von Pflanzen gewinnen.

Einleitung

Theorie der Alchemie

In der Alchemie wurde die Materie einem von drei Reichen zugeordnet, wobei die Herkunft und Eigenschaft des Ausgangsstoffes über die Zuordnung entschieden.[1, 28, 29, 30, 43a] Alle pflanzlichen Stoffe und deren Säfte wurden dem **vegetabilen Reich** zugeordnet, während alle tierischen Stoffe und Flüssigkeiten zu dem **animalischen Reich** zählten.[1, 28, 29] Das **mineralische Reich** wurde allen unbelebten Objekten wie Steinen oder Erzen zugeordnet. [1, 28, 29] Eine feinere Einteilung des mineralischen Reichs in Erden, Steine und Metalle war möglich,[1] jedoch nicht einheitlich.[28] Salze konnten je nach ihrer Charakteristik allen Bereichen zugeschrieben werden. [43c] Zum Beispiel wurden Salze der Schwefelsäure dem mineralischen Reich zugeordnet, Weinsteinsalze hingegen dem vegetabilen und Ameisensäuresalze dem animalischen Reich.[43c] Die Zuordnung des Salzes zu dem entsprechenden Reich wurde durch dessen Herkunft festgelegt.

Ein Reich konnte durch eine chemische Reaktion nicht verlassen werden.[30] Das bedeutet, dass ein Stoff aus dem mineralischen Reich nicht in das animalische oder vegetabile Reich überführt werden konnte.[30] Es galt das Credo: "ex metallis, in metallis, per metallis" mit der freien Übersetzung: "aus den Metallen in Metalle durch Metalle". [30] Dieser Ausspruch bezieht sich insbesondere auf die Transmutation – also die Verwandlung von Metallen in andere Metalle.[43b] Mittels der **Transmutation** ist ein Sprung in ein anderes Reich nicht möglich – nur innerhalb des metallischen Reiches können den Alchemisten zufolge Metalle umgewandelt werden.[30] Die Untersuchung der Materie in den einzelnen Reichen war eine Teilaufgabe der Alchemie.[28] Der Theorie nach enthalten alle Stoffe einen Samen, durch den die Vermehrung des Stoffes möglich erscheint.[29, 32, 33] Ob ein solcher Samen, der im vegetabilen und tierischen Reich offensichtlich vorhanden ist, auch im mineralischen Reich gefunden werden kann, wurde kritisch in der Veröffentlichung „Adeptus Ineptus" untersucht.[32] In dem vorgenannten Werk von 1744 wurde der Gedanke vom metallischen Samen abgelehnt und es wurde vielmehr vermutet, dass die Vermehrung der Metalle durch den Zuwachs von weiterem Metall an bestehendes Metall erfolgt.[32] Neben der Untersuchung von Metallen beschäftigte sich der alchemistische Zweig "chemia pharmaceuticam"[28] oder auch "chymiatria"[1] mit der Heilung von Krankheiten. Hierbei lag der Fokus insbesondere auf der Isolation der **Quintessenz** (lat. quinta essentia), welche die höchste Kraft von Kräutern enthält.[1, 2, 28] Mittels chemischer Operationen wie dem Extrahieren oder Destillieren von Kräutern konnten potentielle Wirkstoffe, die Quintessenz, mit der Hoffnung auf einen medizinischen Nutzen gewonnen werden.[1, 2, 9, 24, 28, 77]

Suche nach neuen Stoffen

Stoffe sind in der Natur überall verborgen und warten darauf, mittels chemischer Operationen isoliert und entdeckt zu werden.[77] Nicht nur damals, auch heute noch besteht beispielsweise ein großes Interesse aus Blüten, Früchten oder Kräutern Duftstoffe für die Herstellung ätherischer Duftöle zu gewinnen.[38, 39] Nach der Isolierung eines chemischen Stoffes wurde damals wie heute nach Möglichkeit der Stoff charakterisiert, um seine Eigenschaften wie Farbe, Schmelz-/Siedepunkte oder Aggregatzustand zu bestimmen. Eine vollständige Stoffcharakterisierung erlaubt die Unterscheidung chemischer Stoffe voneinander durch die Untersuchung, wie sich der zu charakterisierende Stoff verhält und dem anschließenden

Einleitung

Abgleich des Verhaltens des Stoffes mit verschiedenen in der Literatur beschriebenen Stoffen. Darüber hinaus gelingt auch die Bestimmung der Reinheit mittels Abgleich der ermittelten und beschriebenen Eigenschaften. An dieser Stelle sei die dreibändige Veröffentlichung "Conspectus Chemiae" erwähnt, welche durch Nennung chemischer Stoffe samt deren Stoffeigenschaften ein Abbild des Wissensstandes der Chemie um 1750 wiedergibt.[43a-c] Im folgenden Ausschnitt aus dem Werk wird Schwefel charakterisiert.

iv. Das Verhalten des Schwefels gegen andere Körper und mancher Bearbeitung

1. Bei gelindem Feuer schmilzt er beinahe so leicht und bald als Pech und Wachs [...]. Auch ein heftiges Feuer kann ihm in verschlossenen Gefäßen nichts anhaben, sondern gehet davon in Höhe.[...]

2. Bei heftigem Feuer entzündet sich der Schwefel leicht und wird dabei völlig aufgelöst.[...]

3. Die destillierten Öle lösen den Schwefel sehr
sparsam und nur nach einer langwierigen
Digestion auf.[...]
(nach Quelle 43c, Seite 18ff.)

In Abschnitt 1 der Veröffentlichung "Conspectus Chemiae" wird beschrieben, wie Schwefel schmilzt und indirekt auf dessen Entzündbarkeit unter Luft hingewiesen wird ("Auch ein heftiges Feuer kann ihm in verschlossenen Gefäßen nichts anhaben").[43c] Abschnitt 2 hebt die Entzündlichkeit von Schwefel hervor: Der Schwefel verbrennt mit dem Luftsauerstoff zu dem Gas Schwefeldioxid[6, 20], welches sich verflüchtigt.[43c] Abschnitt 3 charakterisiert das geringe Lösungsverhalten von Schwefel in Ölen, das nicht sehr hoch zu sein scheint ("sparsam").[43c]

Neben der Isolierung bereits von der Natur hervorgebrachter Stoffe bieten die Alchemie und auch die moderne Chemie ein weiteres mächtiges Instrument: Die Stoffsynthese. Dabei werden chemische Stoffe aus anderen bereits vorhandenen Stoffen mittels chemischer Reaktionen künstlich (synthetisch) hergestellt. Dank chemischer Synthesen ist es somit nicht nur möglich, bereits bekannte Stoffe leichter und mit höherer Effizienz zu synthetisieren, sondern es ist auch möglich, völlig neue in der Natur nicht vorkommende Stoffe herzustellen und diese beispielsweise auf ihre biologische Wirkung zu untersuchen. Auf diese Weise wurden von Alchemisten neue Stoffe entdeckt und deren pharmakologische Wirkung erforscht.[28, 40]

Da es bei einer chemischen Reaktion meist nicht zu einer vollständigen Umsetzung zweier Ausgangsstoffe zu einem neuen Produkt kommt, sondern eine ganze Palette unbekannter Stoffe entsteht, ist es notwendig, diese Stoffe voneinander zu trennen. Hierfür wurden Methoden in der Alchemie entwickelt, wie die Kristallisation, Sublimation oder Destillation.[1, 2, 9, 15, 28, 43] Diese altbewährten Methoden werden auch heute noch im modernen chemischen Labor, aber auch in der Industrie zur Reinigung und Isolation von Stoffen angewandt.[27]

Arbeitsmethoden in der Alchemie

Seite 9: Ein Alchemist bei der Arbeit. Im linken Bildrand ist das Ausgangsmaterial für die Reaktion/Destillation zu sehen. Es könnte sich jedoch auch um Kohle für die Befeuerung des würfelförmigen Ofens handeln. Im Vordergrund liegen unbenutzte Destillationsaufsätze (Alembiks, Helme). Achten Sie auf die Größe der Arbeitsgeräte im Vergleich zum feudal gekleideten Alchemisten, der den Verlauf des Prozesses überwacht und gegebenenfalls mit der Metallzange eingreift. Bemerkenswert ist die fehlende Abzugsanlage, die chemische Dämpfe oder Verbrennungsprodukte nicht sicher ableitet. Ohne ausreichende Lüftung muss es extrem stickig in den Laboratorien gewesen sein.

Arbeitsmethoden der Alchemie

Veröffentlichungen über alchemistische Arbeitsmethoden

Die exakte Beschreibung der Arbeitsprozesse aus den verschiedenen alchemistischen Werken schwächt das Bild des ahnungslosen Alchemisten, der im Verborgenen wild Stoffe mischt. Im Folgenden ist eine Auswahl der Werke aufgeführt, in denen alchemistische Arbeitsmethoden beschrieben werden:

Collectanea Chemica Leidensia - Chymische Praktik (1696)[1]

D.O.M.A - Alchymistische Practic (1603)[2]

Das Destillierbuch (1521)[9]

Gründliche Anleitung zur Chymie (1727)[15]

Conspectus Chemiae (1749-1753)[43]

Zum allgem. Gebr. wohlgerichtete Destillierkunst (1736)[28]

Für die detaillierte Beschreibung und Durchführung entsprechender Arbeitsmethoden im modernen Labor wird an dieser Stelle auf die einschlägige Literatur verwiesen.[5, 27a, 27b]

Arbeitsmethoden der Alchemie

Laborausstattung

Bemerkenswert ist die Fülle der alchemistischen Grundausstattung. Es wird unter anderem von Kolben, Zangen, Mörsern oder Glasgefäßen in verschiedenen Formen berichtet, was auch ein gewisses Vermögen[44, 51b] zur Praktizierung der Alchemie voraussetzte.[1, 9, 28, 43a] Besonders ist auch auf die explizite Erwähnung von Waage und Gewicht hinzuweisen, da dies gegen die landläufige Meinung des Herumpanschens von Alchemisten ohne exakte Einwaagen sprechen könnte. Insbesondere ist der Hinweis zur Anschaffung einer Sanduhr interessant, da diese für das Messen von Reaktionsdauern gedient haben könnte.

Und über dieses müsset ihr in eurem
Laboratorium einen Blasebalg, Papier,
Bindfaden, Wachs, Blasen [Kolben],
Leinwandne Lappen, Wisch=Hadern, eine
tuchene oder andre Schürze zum Vorbinden,
Messer, Spatel, Scheren, Haarsieb,
Durchschlag, Waage und Gewichte, Beil oder
Axt, und dergleichen, auch wenn es euch

beliebet, Tabak und Pfeife nebst einem
Feuerzeug und Sand=Uhr mitzunehmen
(nach Quelle 28, Seite 104 f.)

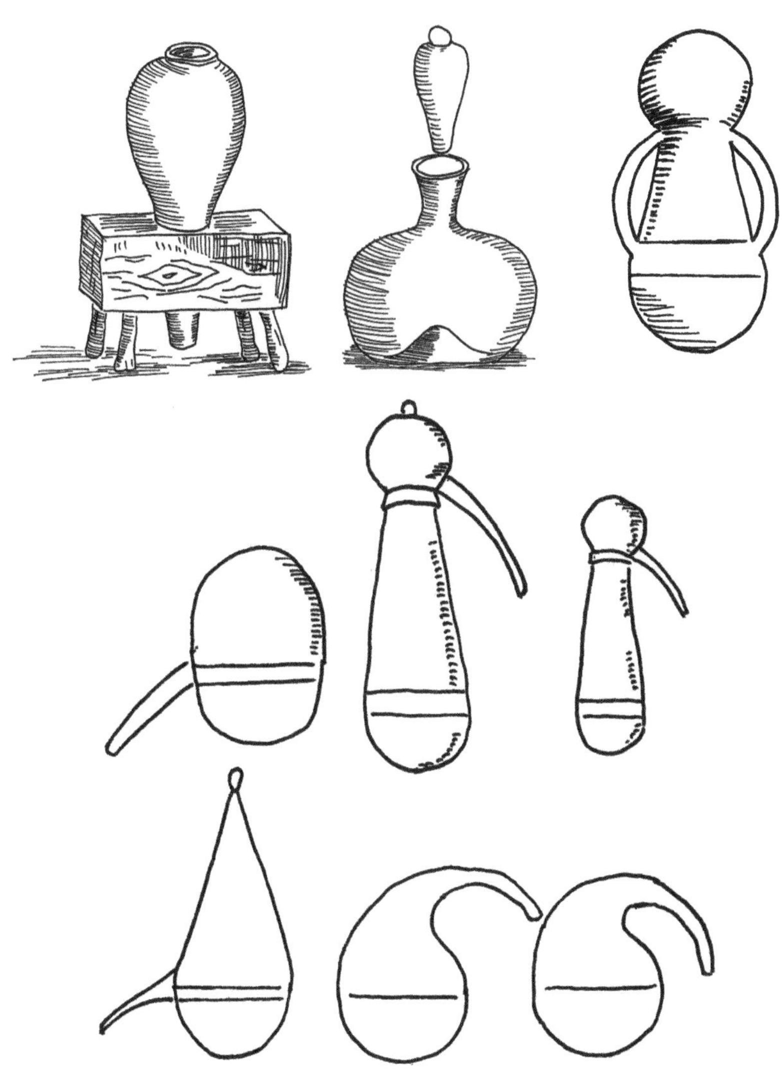

Seite 13: Beispiele für verschiedene von Alchemisten genutzte Glasgefäße. Oben links ist ein sich nach unten verjüngender Kolben dargestellt, der durch einen Holzblock gehalten wird - ähnlich einem heutigen Reagenzglasständer oder dem Korkring zum Halten von Rundkolben. Dem Aufbau nach könnte es sich um einen Waldenburgschen Kolben zum Trennen öliger von wässrigen Flüssigkeiten handeln. In der Mitte der oberen Zeile ist der Verschluss eines Kolbens mittels eines Glasstopfens dargestellt. Der Pelikan in der linken, oberen Zeile dient der mehrfachen Destillation: Der Lösungsmitteldampf steigt in die Kugel, kondensiert dort und rinnt über die zwei Arme wieder in den Bauch. In den unteren zwei Zeilen sind verschiedene Kolben mit aufgesetzten Alembiks zu sehen. Eine Ausnahme bilden die zwei ähnlich aussehenden Retorten unten rechts, mit denen destilliert wurde.

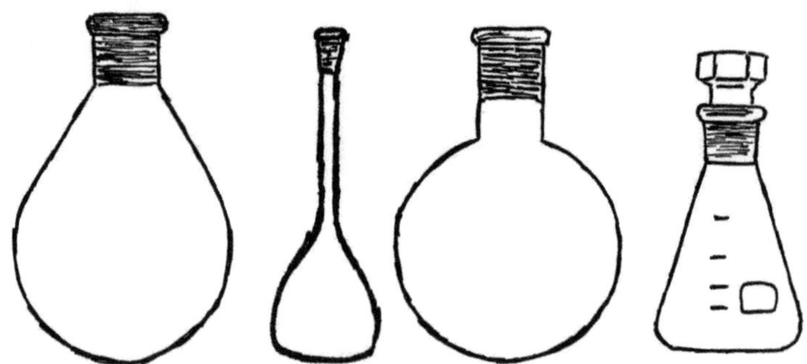

Seite 14: Kolben, wie sie im modernen chemischen Labor zu finden sind. Von links nach rechts: Rundkolben, Messkolben, Rundkolben und Erlenmeyerkolben mit aufgesetztem Glasstopfen, der in die genormten, schraffierten Öffnungen der Glasgefäße dicht passt.

Sublimation

Bei der Sublimation werden allgemein Feststoffe als Ausgangsverbindung verwendet,[15, 28] welche ohne Verflüssigung[15, 28] direkt in den gasförmigen Zustand übergehen. Die alchemistische Definition von 1736 ist wie folgt:

Die Sublimation aber ist nichts anders als eine trockne Destillation, denn sie verrichtet eben das bey trocknen Körpern.
(Quelle 28, Seite 164)

Durch das Erhitzen eines Ausgangsstoffgemisches wird der sublimierbare Stoff gasförmig, steigt empor und trennt sich von den am Boden liegenden Stoffen. Wenn die sublimierte Substanz auf eine kühle Oberfläche trifft, erstarrt sie durch die Abkühlung wieder zum Feststoff und kann als reine Substanz isoliert werden.[28]

Die Sublimation wurde von Alchemisten üblicherweise in einem Aludel durchgeführt, der aus mehreren aufeinander gesteckten, bauchigen Gefäßen besteht.[1, 28, 31, 43a] Alternativ konnte auch ein Kolben verwendet werden.[1, 43a] Das Ausgangsmaterial wurde in das untere Gefäß

Arbeitsmethoden der Alchemie

Seite 16 (rechts): Ein Aludel, der aus mehreren aufgesetzten Kolben besteht und zur Sublimation genutzt wurde. Das zu sublimierende Gut wurde in dem unteren Kolben vorgelegt und über einem Feuer erhitzt. Der sublimierbare Stoff wechselt unter der Hitzeeinwirkung seinen festen Aggregatzustand und wird ohne Verflüssigung gasförmig. Die Gase steigen im Aludel auf und schlagen sich in einem der kühleren, oberen Kolben als Feststoff nieder.

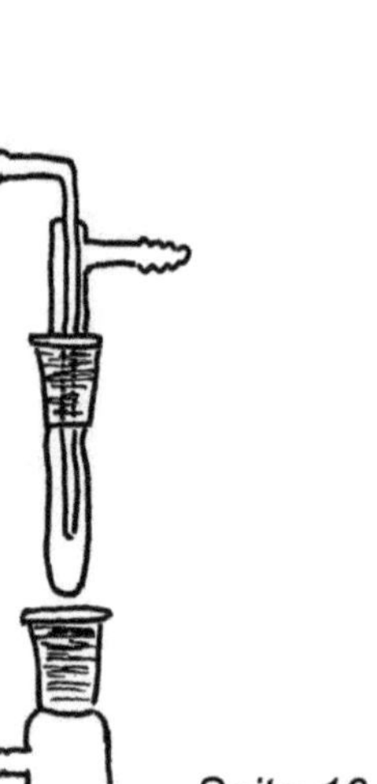

Seite 16 (links): Eine moderne Sublimationsapparatur, in der das zu sublimierende Gut in den unteren Kolben vorgelegt und erhitzt wird. Der obere Finger ist kühlbar und wird in den unteren Kolben eingeführt. Das sublimierte Gut schlägt sich am gekühlten, eingesetzten Finger als Feststoff nieder.

eingebracht und erhitzt.[28] Nach der Sublimation konnte der sublimierte Feststoff aus dem oberen Gefäß isoliert werden.[28] Im modernen Labor wird ein kleineres Gefäß verwendet, bei dem ein Kühlfinger in einen Kolben ragt. [27a] Der Kühlfinger wird mit Trockeneis oder flüssigem Stickstoff gefüllt, wodurch das aufsteigende Sublimat abkühlt und sich an der Wand des Kühlfingers als Feststoff niederschlägt. Ein Beispiel für die Anwendung der Sublimation durch Alchemisten ist die Reinigung von Schwefel.[28]

Im 18. Jahrhundert wurde Schwefel unter anderem am Vesuv abgebaut und in zeitgenössischer Literatur als leicht schmelzendes und brennbares Material beschrieben[19, 43c], das bevorzugt ohne Erde oder sonstige Verunreinigungen bezogen wurde.[19] Kommerzieller Schwefel um 1700 stammte aus Marseille, Venedig oder Holland, wobei von einer höheren Reinheit des holländischen Schwefels berichtet wurde.[19] Bis ins 18. Jahrhundert hatte Schwefel keine herausragende Bedeutung für die breite Bevölkerung.[19] Für diejenigen jedoch, die mit seinen chemischen Eigenschaften vertraut waren, wurde er üblicherweise in kleinen Stäben (Schwefelröhren) verkauft.[11, 19] Aufgrund der schwankenden Reinheit wurde kommerziell erworbener Schwefel durch Sublimation in seiner Qualität gesteigert. [1, 28] Dabei wurde Rohschwefel (in Stäbchen- oder Rohform) zu einem Pulver gemahlen und in einem Kolben mit aufgesetztem blinden Helm erhitzt.[1] In diesem sublimiert der Schwefel beim Erhitzen und setzt sich im Helm ab.[1] Der sublimierte Schwefel bildet Muster, die an Blumen erinnern, was wahrscheinlich den Namen "Schwefelblume" erklärt. Der Schwefelblume wurde eine wärmende, trocknende Wirkung zugeschrieben, die auch innerliche Wunden heilen sollte.[1] Für die Pestkur wurde gereinigter Schwefel mit Myrre, aleo socotrina (Aloe) und Safran zu einem Pulver zerrieben und mit Terpentin zu einem Balsam verarbeitet.[1] Neben Schwefel wurde auch Quecksilber zur Steigerung seiner Reinheit sublimiert und sollte laut der Veröffentlichung "D.O.M.A - Alchemistische Praktik" sogar bis zu sieben Mal(!) sublimiert werden, bevor es die für Synthesen benötigte Reinheit erreicht.[2]

Solution

Bei der Solution wird ein Feststoff in einem Lösungsmittel, auch "menstruum" genannt, aufgelöst.[1, 15, 28] Dies umfasst beispielsweise das Lösen von Zucker oder Salz in Wasser. Universelle Lösungsmittel existierten nur hypothetisch und sollten in der Lage sein, alle erdenklichen Stoffe zu lösen.[28] Im Gegensatz dazu wurden reale Lösungsmittel als spezifisch charakterisiert.[28] Da sie nur bestimmte Stoffe lösen konnten,[28] gab es damals wie heute verschiedene Lösungsmittel für unterschiedliche Stoffe, wie beispielsweise Wasser, Öl, Schwefelsäure, Essig, Zitronensaft oder Urinspiritus (Ammoniakwasser).[15, 28]

Das Lösen von Stoffen ist ein komplexer Vorgang, bei dem viele Faktoren betrachtet werden müssen. Im Folgenden wird das chemische Lösen von Stoffen möglichst einfach, aber mit der notwendigen Präzision beschrieben. Nach heutigem Kenntnisstand stellt ein Feststoff einen Verbund von molekularen oder ionischen Bausteinen eines Stoffes dar, der mit einem Netzwerk vergleichbar ist, das aus aneinander gehefteten Magneten besteht. In diesem Modell repräsentieren die Magneten die Grundbausteine (Ionen) des Feststoffes, und die magnetische Wirkung entspricht der (ionischen) Wechselwirkung zwischen diesen Bausteinen. Ein Lösungsmittel kann diese Wechselwirkung aufheben und so die Grundbausteine aus ihrem Verbund herauslösen. Dabei wird die aufgehobene intermolekulare/-ionische Wechselwirkung der molekularen oder ionischen Feststoffbausteine durch die Wechselwirkung mit dem Lösungsmittel kompensiert.

Die Löslichkeit eines Stoffes ist im Allgemeinen abhängig vom Lösungsmittel.[7, 27a] Dies ist dadurch begründet, dass die Stärke der Wechselwirkung zu den molekularen bzw. ionischen Bestandteilen des zu lösenden Feststoffes je nach Lösungsmittel unterschiedlich ist.[7, 27a] Näherungsweise kann aus empirischer Erfahrung festgehalten werden, dass die Wechselwirkung zwischen Lösungsmittel und den Stoffbestandteilen umso größer ist, je ähnlicher sich beide Komponenten sind.[27a] Entscheidend für die Löslichkeit von Stoffen ist die intermolekulare Polarität, die grob formuliert angibt, ob sich die Elektronen im Molekül an einem gewissen Ort konzentrieren.[7] Bei Kenntnis der Molekülstruktur und mit viel Erfahrung ist es möglich, ansatzweise anhand der Molekülstruktur ein passendes Lösungsmittel zu finden. Andernfalls muss die Löslichkeit eines Stoffes in einem Lösungsmittel experimentell ermittelt werden.[27a] Für Salz (NaCl), eine sehr polare Verbindung, ergibt sich eine hohe Löslichkeit in polaren Lösungsmitteln wie Wasser.[7, 27a] Bei abnehmender Polarität des Lösungsmittels (wie Ethanol) sinkt die Löslichkeit von Salz (NaCl) und ist sehr gering in unpolaren Lösungsmitteln wie Ölen.[27a]

In der Alchemie waren diese detaillierten Zusammenhänge nicht bekannt. Das Lösen von Stoffen wurde durch die Besetzung von im Lösungsmittel vorhandenen hypothetischen Löchern, den "pori", durch den zu lösenden Stoff beschrieben.[1, 28] Der alchemistischen Theorie folgend besitzt jedes Lösungsmittel eine gewisse Anzahl an "pori", die besetzt werden können. Ist die maximale Anzahl der "pori" durch den zu lösenden Stoff besetzt, so löst sich kein weiterer Stoff mehr in diesem Lösungsmittel.[28] Erst die Zugabe von weiterem Lösungsmittel stellt wieder neue "pori" zur Verfügung und es lässt sich mehr vom chemischen Stoff lösen. Der folgende Ausschnitt beschreibt das Ausfallen (congelatio) eines Stoffes aus der Lösung durch Auffüllen der "pori".

Die Congelatio (Verfestigung, lat. congelare – gefrieren) geschieht, wenn die pori der flüssigen Dinge mit anderen rauch- und spitzigern particulis angefüllet werden.
(nach Quelle I, Seite 34)

Fällung

Die Fällung wurde in der Alchemie[15] praktiziert und ist auch heute noch eine Methode im modernen chemischen Labor, um einen gelösten Stoff als Feststoff aus einer Lösung zu gewinnen. Dabei wird die unterschiedliche Löslichkeit chemischer Substanzen in verschiedenen Lösungsmitteln ausgenutzt. Nach einer Beschreibung aus der Zeit um 1730 wurde bei der Fällung zuerst ein Stoff in einem Lösungsmittel vollständig gelöst.[15] Durch Zugabe eines anderen Stoffes[15] oder Lösungsmittels, in dem sich der in Lösung befindliche Stoff schlecht löst, flockt der zuvor gelöste Stoff aus der vorbereiteten Lösung aus. Aus heutiger Sicht liegt der Grund für das Ausflocken bzw. Präzipitieren (lat. praecipitare, herabstürzen) in einer Reaktion zwischen dem gelösten und dem zugegebenen Stoff, wodurch das entstehende Produkt in dem

Lösungsmittel unlöslich wird und sich niederschlägt (z.B. Säure-Basen-Reaktion oder Fällungsreaktion). Beim Mischen von verschiedenen Lösungsmitteln unterschiedlicher Löslichkeit gegenüber dem gelösten Stoff sinkt die Löslichkeit des Stoffes im entstehenden Lösungsmittelgemisch und es kommt zum Ausflocken des zuvor gelösten Stoffes. Die Güte der Löslichkeit eines chemischen Stoffes in den jeweiligen Lösungsmitteln muss experimentell bestimmt werden.[27a]

Kristallisation

Nach einer alchemistischen Definition wird bei einer Kristallisation ein gelöster Stoff aus seinen in Lösung befindlichen Bestandteilen in feste Kristalle umgewandelt.[43a] Gemäß der alchemistischen Literatur soll für die Kristallisation zuerst ein Stoff in einem Lösungsmittel (beispielsweise Wasser) gelöst werden.[1, 28, 43a] Unter leichter Wärme wurde ein Teil des Lösungsmittels so lange verdampft, bis sich eine Haut an der Oberfläche der Flüssigkeit bildete.[1, 28, 43a] Die resultierende, eingeengte Lösung wurde anschließend an einem kühlen Ort aufbewahrt (z.B. im Keller).[1, 28, 43a] Unter diesen Bedingungen bildeten sich Kristalle in der Flüssigkeit,[1, 28] wobei große Kristalle entstanden, wenn das Verdampfen (Evaporieren, lat. evaporare, ausdünsten) und Abkühlen der Flüssigkeit langsam erfolgten.[43a] Die Kristalle wurden durch Filtration geerntet[1, 28, 43a] und das Lösungsmittel des resultierenden Filtrats wurde erneut unter Hitzeeinwirkung teilweise verdampft, sodass es nach der Lagerung an einem kühlen Ort erneut zur Kristallisation kam.[28]

Das Lösungsmittel wurde teilweise verdampft, da nach Ansicht der Alchemisten beim Verdampfen (Einengen) des Lösungsmittels die gelösten Bestandteile eines Stoffes näher zueinander rücken und aufgrund der räumlichen Nähe zu Kristallen zusammenwachsen konnten.[1] Eine moderne Beschreibung ist deutlich komplizierter, kann aber kurz durch die Konglomeration der sich in Lösung befindlichen Bestandteile des Stoffes zu einem Nukleus (Kern) und dessen Vergrößerung durch Anlagerung weiterer Teile beschrieben werden (Classical Nucleation Theory – CNT). [45]

Aufgrund der hohen Reinheit der Kristalle war und ist die Kristallisation immer noch eine gute Methode, um Salze zu reinigen.[5, 15, 28, 45a,

45b, 45d] Bereits um 1750 konnte der kristallisierte Stoff durch optische Formanalyse der erhaltenen Kristalle charakterisiert werden[43a], was als eine extrem frühe Form der Kristallstrukturanalyse gewürdigt werden könnte. Im Folgenden ist ein Auszug aus der Beschreibung von Kristallen aus dem Werk "Conspectus Chemiae" von 1749[43a] der Verständlichkeit wegen in leicht abgewandelter Form wiedergegeben.

Das gemeine Salz gibt viereckig würfliche Kristalle, deren Flächen zuweilen eine Vertiefung haben.

Der Salpeter bildet sich als ein sechseckiges Prisma und wird würfelig (nitrum cubicum), wenn man den spiritus nitri auf gemein Salz gießt.

Der Eisen=Vitriol gibt Kristalle, deren geschobene viereckige Seiten einander parallel sind. Diesen kommt der Kupfer=Vitriol und der Alaun ziemlich nahe, nur dass die Figur nicht so ordentlich ist.

Arbeitsmethoden der Alchemie

Die Kristallisation wird auch in modernen Laboratorien eingesetzt.[5, 27a, 45] Hierbei dient sie nicht nur dem Erhalt eines Reinstoffes, sondern auch dazu, über die Kristallstrukturanalyse weitere Informationen über den kristallisierten Stoff zu gewinnen.[5, 27a]

Ein Beispiel für die Nutzung der Kristallisation zur Gewinnung eines Arzneimittels war ein aus Wermuthblättern gewonnener Stoff mit verdauungsfördernder und schweißtreibender Wirkung.[1] Zur Bereitung der Arznei wurden Wermutblätter vor Ausbildung des Samens geerntet und in einem Mörser zerstoßen.[1] Der austretende Saft wurde mit weiteren Wermutblättern erhitzt.[1] Durch Filtration wurden die

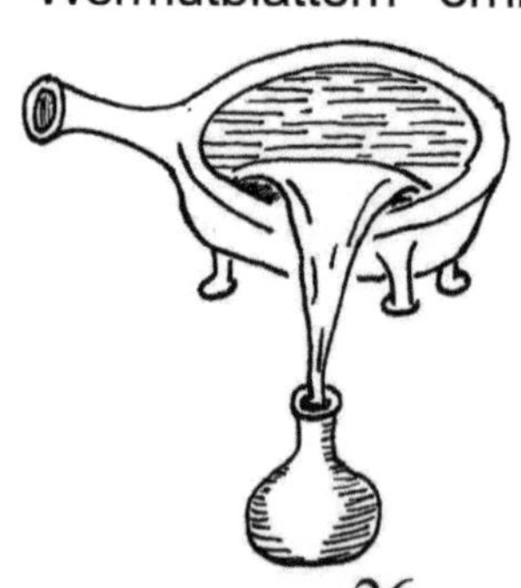

Seite 26: Beispiel der destillatio per filtrum. Eine Flüssigkeit wird durch einen dreieckigen Filz in eine Vorlage geleitet. Während die Flüssigkeit durch den Filz rinnt, bleiben Schwebstoffe im Filz zurück.

Wermutblätter entfernt.[1] Das Filtrat wurde mittels Eiweiß geklärt und in der Hitze eingeengt, bis ein Häutchen auf der Oberfläche entstand.[1] Die entstandenen Kristalle wurden als Arzneimittel eingesetzt.[1]

Filtration

Die Filtration diente in der Alchemie und dient auch heute noch zur Trennung von Feststoffen von Flüssigkeiten,[1, 43a] wobei unter anderem ein Löschpapier als Filter dienen konnte.[43c] Bei geschickter Wahl des Lösungsmittels können durch die Filtration sogar Feststoffe voneinander getrennt werden. [49] Dieses Verfahren nutzt die unterschiedliche Löslichkeit zweier Feststoffe aus. Das Filtrieren ist auch heute noch im Labor eine gängige und effiziente Methode zur Reinigung chemischer Stoffe.[49]

Die "destillatio per filtrum" wird nur in der alchemistischen Literatur beschrieben und ist eine spezielle Art der Filtration, bei der eine Flüssigkeit durch einen Filz geleitet wird und dabei die Schwebeteilchen von der Flüssigkeit getrennt werden.[9] Zur Durchführung der "destillatio per filtrum" wird der Filz nur teilweise in die Flüssigkeit getaucht.[9] Deutlich unterhalb des Gefäßes endet der auf eine Vorlage zeigende, spitz zulaufende andere Teil des Filzes.[9] Durch die Saugwirkung des Filzes wird die Flüssigkeit durch den Stoff transportiert und tropft in ein Auffanggefäß. Die Schwebeteilchen bleiben im Filz hängen und die gefilterte Flüssigkeit ist klar.[9] Rund 200 Jahre später wird die Filtration mit zugespitzten, kegelförmigen Säcken aus Leinen, Wolle oder Filz beschrieben.[43a]

Aufgrund der Übersetzung „herabtröpfeln" vom lateinischen Wort destillare wurde die Filtration als Unterart zu der Destillation gezählt.[15]

Putrefaktion

Die Alchemisten nutzten bei der Putrefaktion (lat. puter, faul; facere, machen – Faulmachung) die mikrobiologische Zersetzung von Körpern, um ihre chemischen Stoffe freizusetzen.[15, 28] Die Vergärung von Traubensaft zu Wein und dessen Fermentation zu Essig sind zwei Prozesse, die per Definition unter die Putrefaktion fallen.[15] Mittels der Destillation kann aus fermentiertem Traubensaft Ethanol oder bei vorausgesetzter längerer Fermentation

Essigsäure gewonnen werden.[14, 43c] Auch die bakterielle Zersetzung von Harnstoff zu Ammoniak ist eine Form der Putrefaktion, bei der Ammoniak als Rohstoff gewonnen wird.[5] Durch die Nutzung des Stoffwechsels von Mikroorganismen zur Umsetzung von chemischen Substanzen wurden so für Alchemisten neue Stoffe zugänglich.[1, 13b, 15, 28]

Digestion

Das Wort „Digestion" leitet sich aus dem Lateinischen „digestio" ab, was übersetzt „Verdauung" bedeutet.[8] Im alchemistischen und chemischen Kontext wird beim Digerieren eine Substanz aus einem Feststoff durch ein Lösungsmittel unter vorsichtiger Wärmeeinwirkung ausgezogen.[15, 28] Genau genommen handelt es sich dabei um eine Extraktion, da ein Stoff aus einer festen Phase in eine flüssige Phase überführt wird.[27a]

Die Destillation

Beschreibung der Destillationskunst

Die Destillation ist wohl eine der ältesten Techniken zur Gewinnung von Substanzen. Aktuellen Studien zufolge war es bereits den Neandertalern technisch möglich, Teer aus Destillaten der Birkenrinde herzustellen.[50a] Funde aus dieser Zeit deuten auf die Verwendung von Teer als Klebstoff hin.[50b]

Seite 30: Ein Alchemist bei der fraktionierten Destillation.

Arbeitsmethoden der Alchemie

Ein Hinweis zum Zweck der im 15. Jahrhundert ausgeübten Destillierkunst enthält der erste Satz des Buches der „Ausgebrannten Wasser" aus dem Jahr 1478:[17]

> **Hiernach folgt eine nützliche Materie von vielen ausgebrannten Wassern, wie man sie nutzen und brauchen soll zur Gesundheit der Menschen.**
>
> (nach Quelle 17, Seite 1)

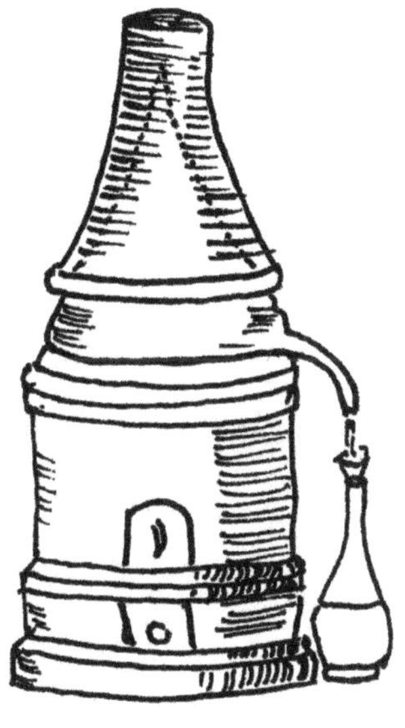

Seite 31: Ein Beispiel für einen Destillationsofen. Im unteren Teil ist ein Kolben mit der zu destillierenden Flüssigkeit eingelassen, welche durch ein Feuer erhitzt wird. Dieser Dampf steigt auf und kondensiert im spitzen Aufsatz. Das Kondensat wird über ein Rohr in die Vorlage abgeleitet.

Wie auch in anderen alchemistischen Veröffentlichungen[9, 28] zu lesen ist, wurden die Destillate von Kräutern oder Pflanzen zur medizinischen Therapie eingesetzt.[9, 28, 17] Dies erklärt, warum sich neben Destillateuren[19], alternativ Destillatoribus[28] genannt, auch Ärzte[9, 24] und Apotheker[19] der Destillierkunst widmeten.

Arbeitsmethoden der Alchemie

us dem Wort Destillation (lat. destillare, herabtröpfeln)[15] leitet sich das Prinzip dieser Arbeitstechnik ab: Ein Flüssigkeitsgemisch wurde bis zum Sieden erhitzt,[5, 27a] der entstandene Dampf wurde aufgefangen und als Flüssigkeit kondensiert.[27a] Wurde das herabtröpfelnde Kondensat in verschiedenen Gefäßen gesammelt, sprach man von einer fraktionierten Destillation, die bereits 1736(!) beschrieben wurde und auch heute noch in der Form im Labor angewendet wird.[5, 27a, 28] Wird das Auffanggefäß in Abhängigkeit von der Destillationstemperatur gewechselt, enthält jede Fraktion das Kondensat (Destillat) eines anderen

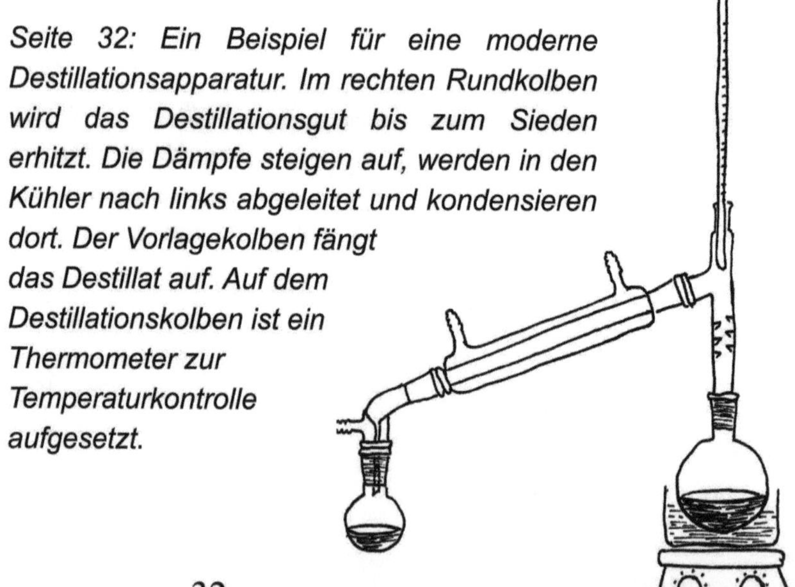

Seite 32: Ein Beispiel für eine moderne Destillationsapparatur. Im rechten Rundkolben wird das Destillationsgut bis zum Sieden erhitzt. Die Dämpfe steigen auf, werden in den Kühler nach links abgeleitet und kondensieren dort. Der Vorlagekolben fängt das Destillat auf. Auf dem Destillationskolben ist ein Thermometer zur Temperaturkontrolle aufgesetzt.

Temperaturbereichs. Eine genaue Charakterisierung der Destillate kann über die Dokumentation der Siedetemperatur erfolgen, die über den Destillationsprozess und insbesondere bei dem Wechsel der Fraktion protokolliert wird.

Aufgrund der unterschiedlichen Siedepunkte verschiedener Flüssigkeiten war es damals und ist es auch heute noch möglich, die Einzelkomponenten eines Flüssigkeitsgemischs voneinander durch die Destillation zu trennen.[27a] Ein prominentes Beispiel für ein Flüssigkeitsgemisch ist Wein.[4, 9, 43c] Grob gesagt, besteht Wein aus Wasser (ca. 90 Vol%) und Ethanol (ca. 10 Vol%).[4] Bei einer Destillation kann aus dem Wein der Ethanol vom Wasser getrennt werden.[4] Der Siedepunkt von Ethanol (79°C)[46] liegt unter dem von Wasser (100°C)[46] - entsprechend verdampft Ethanol beim Erhitzen des Weins zuerst. Wird diese Ethanoldampfwolke bei etwa 80°C aufgefangen und kondensiert, so wird der Ethanol des ursprünglichen Ethanol-Wasser-Gemischs isoliert.[4]

Liegen die Siedepunkte der zu trennenden Flüssigkeiten zu nah beieinander, ist jedoch allgemein eine scharfe Trennung nicht möglich, sodass Mischfraktionen

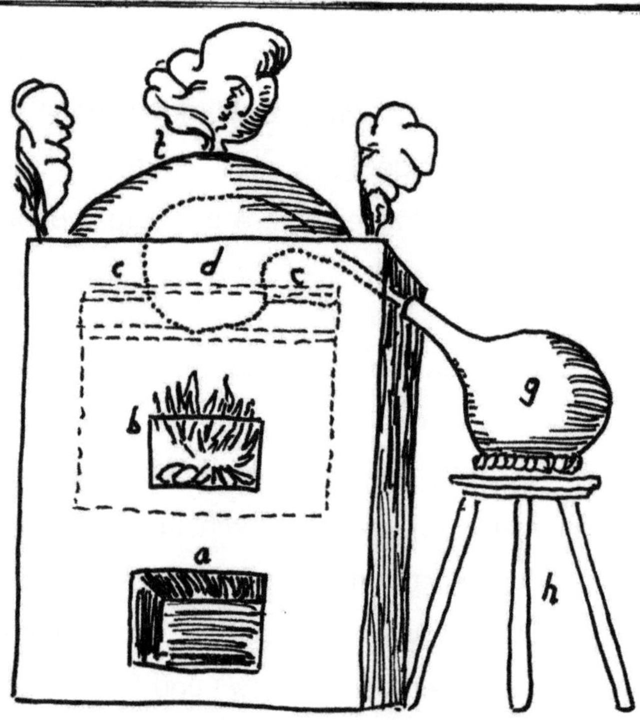

Seite 34 (oben): Der Blick in den Destillationsofen: Der Kolben d (hier eine Retorte) sitzt im Ofen über dem Feuer b. Die Asche kann aus der Öffnung a entnommen werden. Das Destillat wird in der Vorlage g aufgefangen.

Seite 34 (unten): Der Kolben wird durch ein hier dargestelltes Metallgestell im Ofen in Position gehalten.

Seite 35: In dieser Abbildung befindet sich der Kolben in einem Wasserbad, das durch das darunter liegende Feuer erhitzt wird. Wahrscheinlich wurde hier auf die Darstellung des Gestells zum Halten des Kolbens zur besseren Übersicht verzichtet. Auf dem Kolben wird im Anschluss der Alembik gesetzt, welcher durch die linke Person bereitgehalten wird. In diesem wird der Dampf kondensieren und über die nach unten zeigende Röhre (auch Schnabel oder Schnautze genannt) in die Vorlage als Kondensat rinnen.

Seite 36: Ein gemauerter Destillierofen. Durch das obere Loch wird Kohle oder Holz auf einen darunter liegenden Rost zur Feuerung gelegt. Die Asche fällt durch den Rost und wird aus einem der unteren drei Löcher entfernt. Aus dem Ofen ragt der Destillationskolben, auf dem der Alembik gesetzt ist.

gesammelt werden.[27a] Daher ist es auch nicht möglich, durch Destillation eines Ethanol-Wasser-Gemischs 100%igen Ethanol zu gewinnen.[5] Es wird daher immer eine Verunreinigung durch Wasser in der Ethanolfraktion vorhanden sein.[5]

Eine moderne Destillationsanlage im Labor zeichnet sich durch ein Gefäß (z.B. Rundkolben) aus, welches das zu destillierende Flüssigkeitsgemisch aufnimmt und in welchem es erhitzt wird.[27a] Dieses Gefäß ist mit einem Kühler verbunden, der den Dampf abkühlt und so die Kondensation erzwingt. [27a] Aus Gründen der Effizienz erfolgt die Kühlung durch Wasser in einer zweiten Ummantelung.[27a] Ein Thermometer am höchsten Punkt vor der Kühlung misst die Dampftemperatur und erlaubt die Charakterisierung der Siedetemperatur des aufgefangenen Destillats.[4, 27a] Am Ende fängt ein weiteres Gefäß das Kondensat auf.[27a] Der Wechsel dieser Auffanggefäße dient zur fraktionierten Destillation.[5, 27a]

Vor mehreren Jahrhunderten verwendeten die Alchemisten individuell entwickelte Öfen für die Destillation.[1, 9, 28, 43a] Eine detaillierte Anleitung zum Bau eines Destillierofens wird beispielsweise in dem Destillierbuch von Hieronymus

Brunschwig (1521)[9] oder in der Veröffentlichung "Furni novi" von Johann Glauber (1661)[13] gegeben. Der Destillierofen war aus Ziegelsteinen gemauert und innen hohl.[9, 28] In der Mauer wurden zwei Öffnungen gelassen, wobei durch die obere Öffnung die Zufuhr von Kohle zur Unterhaltung des Feuers erfolgte.[9] Unter dem oberen Loch war im Ofen ein Rost angebracht, auf dem die Kohle lag und verbrannte.[9] Die Asche fiel durch den Rost und konnte über das untere Loch aus dem Ofen entfernt werden.[9] Die komplette Destillationsapparatur war in dem Ofen integriert und saß beispielsweise auf einem Dreifuß über dem Kohlenfeuer.[9] Je nachdem, ob im Wasserbad (balneum mariae, lat. balneum, Badezimmer - Marienbad), im Sandbad oder direkt über dem Feuer destilliert wurde, erfolgte die Anpassung des Ofenaufbaus entsprechend.[9]

Temperatursteuerung bei der Destillation

Die Temperatur für eine Destillation wurde über die Stärke des Feuers bestimmt, welche in vier Grade eingeteilt wurde.[1, 2, 28, 41] Die Abgrenzung der Grade zueinander ist in der Literatur nicht einstimmig festgelegt

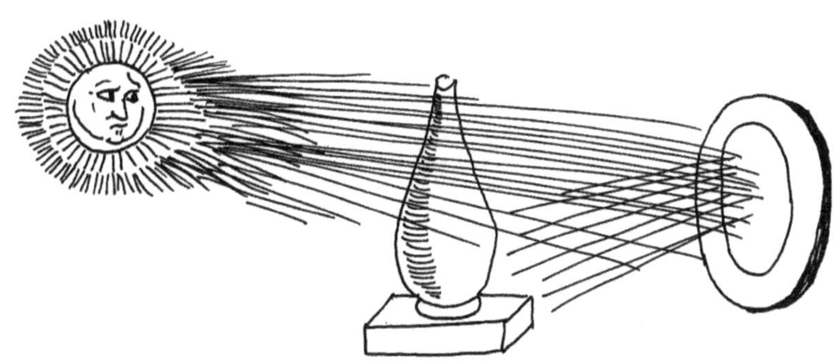

Seite 39: Als alternative "Feuerungsquelle" bot sich die Sonne an. Die von ihr ausgehende Wärme entspricht dem ersten Destillationsgrad.

(vergleiche Quelle 1 mit 2) und wird im Folgenden aus der Veröffentlichung "D.O.M.A Alchemistische Praktik" (1603) und aus "Collectanea Chymica Leidensia" (1696) exemplarisch verglichen. Der erste Grad des Feuers hat die Temperatur von Rossmist (um 50°C).[1, 2] Der zweite Grad entspricht warmem Wasser.[1, 2] Als heiß empfundenes Wasser spiegelt den dritten Grad wider.[1, 2] Verbrennt die Haut bei längerem Kontakt mit der Wärmequelle, so handelt es sich um den vierten Grad.[1, 2]

Modus destillationis - Verfahrensweise der Destillation

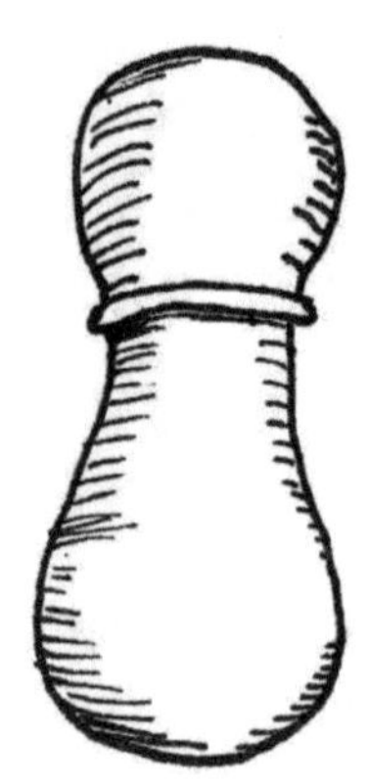

Seite 40: Beispiel für einen blinden Kolben. Das Destillationsgut sitzt im oberen Kolben und wird durch ein Holzkreuz gehalten. Bei Erhitzung tropft der Saft des Destillationsgutes in denunteren.

Die Alchemisten kannten verschiedene Arten der Destillation, bei denen auch unterschiedliche Wärmequellen zum Einsatz kamen.[9, 15] Die einfachste Methode zur Destillation ist, wenn zwei übereinander gestülpte und miteinander verleimte Kolben (blinde Kolben) in die Sonne gestellt werden.[9, 15] Das zu destillierende Gut (Kräuter, Blüten) wurde in den oberen Kolben gepresst und mit einem Holzkreuz oder einer anderen Vorrichtung an seinem Platz gehalten.[9, 15] Mit der Zeit tropft das Destillat in den unteren Kolben, weshalb sich diese Methode auch **"destillatio per descensum"** (lat.: Herabtröpfeln durch Absteigen) nannte. [9, 15] Als alternative Wärmequelle zur Sonne kam Rossmist, ein Ameisenhaufen oder auch die Hitze eines Bäckerbackofens in Betracht.[9] Das Prinzip blieb gleich: Das Destillationsgut wurde in ein verschlossenes Gefäß gegeben und bis zu vier Wochen erwärmt.[9]

Die **destillatio per retortam**[28] erfolgt, indem eine Retorte mit dem zu destillierenden Gut gefüllt wird und das Destillat in einer Vorlage gesammelt wird.[28] Apparativ aufwändiger ist die **destillatio per alembicum**[15], bei der ein Alembik auf den Kolben gesetzt wird. Die destillatio per retortam oder per alembicum erlaubt das Destillieren bei deutlich höheren Temperaturen. Zur Steuerung der Hitze des Feuers wurden unterschiedliche Destillationsarten entwickelt.[9, 15, 28] Eine dieser Destillationsarten ist die Destillation über dem balneum mariae, welches ein Wasserbad beschreibt, das durch ein Feuer im Destillationsofen erhitzt wird.[9, 15, 28, 43a] In diesem Wasserbad befindet sich die Destillationsapparatur und wird durch die Wärme des siedenden Wassers erhitzt.[9, 15, 28, 43a] Entsprechend konnte eine Temperatur von 100°C nicht überschritten werden (Siedetemperatur des Wassers).[46] Dies kombinierte den Vorteil einer Destillation bei gelinder

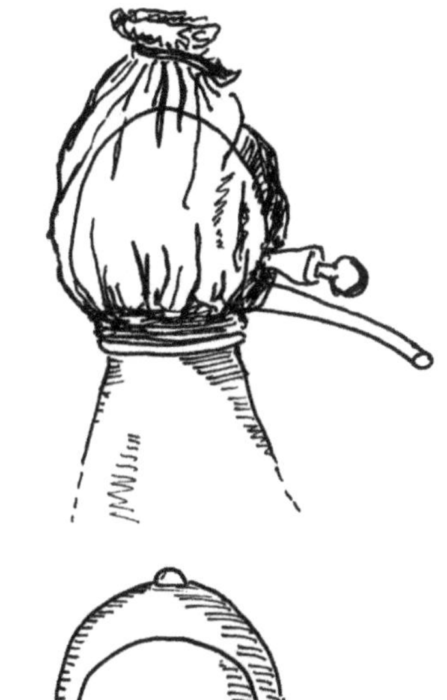

Seite 41: Zur effizienteren Kühlung des Alembiks wurde ein Beutel (oben) über die Kuppel gestülpt und mit Wasser gefüllt oder ein mit Wasser gefüllter doppelwandiger Alembik (unten) genutzt.

Temperatur mit einem Schutz vor Anbrennen des Rückstands (z.B. Kräuter, Früchte).[43a] Wenn das Wasser im Marienbad verdampfte, wurde einfach neues Wasser nachgegeben.[43a] Dabei galt es zu beachten, dass der Destillationskolben aus Glas im Marienbadwasser durch den Temperaturschock des hinzugegebenen kalten Wassers zerspringen konnte.[9] Durch die Verwendung von Sand oder Asche anstelle des Wassers[9, 15, 28] konnten höhere Temperaturen erreicht werden. Wenn die Hitze zur Destillation nicht ausreichte, wurde direkt über dem Feuer destilliert.[9] Bei der Destillation über dem Feuer musste der Destillationsmeister besonders geschickt mit dem Feuer umgehen, da die Kontrolle der Hitze im Ofen maßgeblich die Qualität des Destillats am Ende bestimmte.

Nach heutigem Kenntnisstand können zwei Flüssigkeiten durch eine einfache Destillation nicht voneinander getrennt werden, wenn die Siedepunkte der Flüssigkeiten weniger als 80°C auseinanderliegen.[27a] Da auch Alchemisten mit diesem Problem zu kämpfen hatten, empfahlen sie zur Erhöhung der Reinheit des Destillats, das auch Liquor genannt wurde,[1] die Durchführung der **Rectifikation**. Die

Rectifikation entsprach einer mehrfachen Destillation, bei der das gewonnene Destillat erneut destilliert wurde.[1, 28] Dadurch wurde die Reinheit des Destillats sukzessiv gesteigert,[28] da die Nebenprodukte durch die erneute Trennung im Destillationssumpf zurückblieben. Die Rectifikation kann anschaulich am Beispiel der Destillation von Wein beschrieben werden. Während bei der ersten Destillation von Wein (Ausgangsalkohol: ca. 10 Vol%)[4] viel Wasser mit dem Ethanol in der Vorlage gesammelt wird und ein Alkoholgehalt von ca. 50 Vol% erreicht wird,[4, 43a] kann bei der zweiten Destillation ein Alkoholgehalt von über 70 Vol% erreicht werden.[4, 43c] Um einen möglichst reinen, hochprozentigen spiritus vini (Ethanol) zu erhalten, destillierten Alchemisten sogar bis zu sieben Mal.[9]

Zur Aufwandsminimierung in der modernen Chemie wird das Destillat nicht erneut in der Destillationsapparatur destilliert, sondern eine Vigreux-Kolonne verwendet.[5, 27a] Durch den längeren Aufstiegsweg des Dampfes kommt es zur Kondensation an den nach innen gerichteten Zapfen. Die Umgebungstemperatur bedingt ein erneutes Sieden des Kondensats und somit eine erneute Destillation. Dieser stetig ablaufende Prozess erlaubt das Abtrennen von Stoffen mit sehr ähnlichen Siedepunkten, wobei die niedriger siedende Flüssigkeit gegenüber der höher siedenden zuerst den Kühler erreicht und nach der Kondensation als Flüssigkeit aufgefangen wird.

Wird nach einer Destillation das aufgefangene Destillat erneut zum Destillationsrückstand (Feces oder auch Caput Mortuum, lateinisch für Totenkopf)[1] gegeben und ein weiteres Mal destilliert, spricht man von der **Cohobation**.[1, 43a] Dadurch soll sich die Quintessenz aus dem Destillationsrückstand im Destillat anreichern.[1, 43a] Ein Äquivalent in der modernen Chemie ist nicht zu finden.

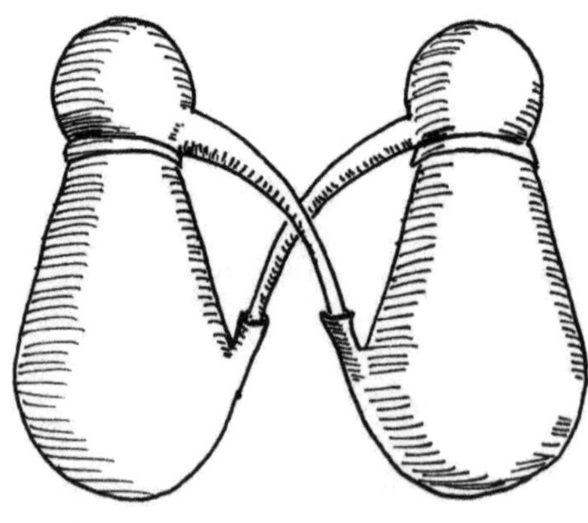

Seite 44: Eine Circulations-apparatur. Durch das ständige Verdampfen und Kondensieren des Lösungsmittels soll dem Destillationsgut der Wirkstoff entzogen werden. Das Destillationsgut befindet sich in dem Gefäß.

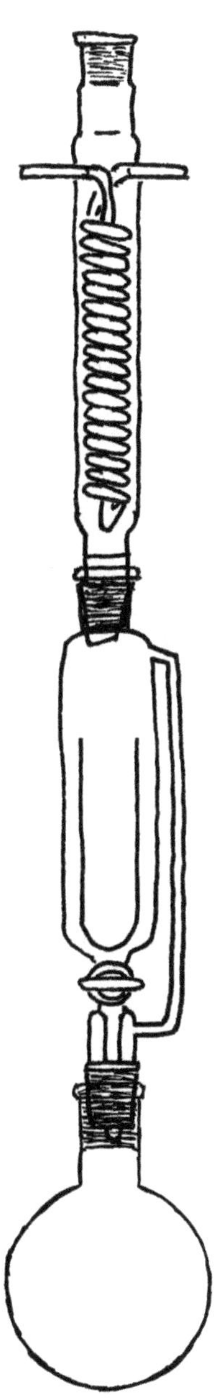

Als weitere Form der Destillation beschrieben Alchemisten die **Circulation**, bei der das Lösungsmittel in einem Kreislauf kontinuierlich durch Wärmezufuhr verdampft und kondensiert.[9, 43a] Die Circulation wurde in einer Apparatur durchgeführt, die sich aus zwei Gefäßen zusammensetzt, deren Auslässe in die Bäuche der benachbarten Gefäße zeigen.[9, 43a] Der zu destillierende Grundstoff, ein Kraut oder eine Wurzel, befand sich zusammen mit dem Lösungsmittel in einem der Gefäße. Durch Wärmezufuhr begann das Lösungsmittel zu sieden, verdampfte und kondensierte im oberen Teil des ersten Behälters der Circulationsapparatur.[43a] Das Kondensat floss durch die Röhre in die zweite Apparatur, sammelte sich und siedete erneut.[43a] Das

Seite 45: Darstellung einer Soxlet-Apparatur. Das Lösungsmittel wird im unteren Rundkolben vorgelegt und erhitzt. Es verdampft, steigt durch die mittlere Soxlet-Apparatur und kondensiert am oberen Kühler. Das Kondensat tropft in den Auffangbehälter, wo das zu extrahierende Gut liegt, und fließt wieder in den Rundkolben zurück, von wo der Prozess von neuem beginnen kann.

verdampfte Lösungsmittel kondensierte in der zweiten Apparatur und floss als Flüssigkeit erneut in den ersten Kolben.[43a] Durch die stetige Rückführung des Lösungsmittels konnte aus dem zu destillierenden Gut immer wieder erneut der Wirkstoff entzogen werden.

Für eine mehrfache Entziehung der Zielsubstanz wird in der modernen Chemie eine Soxhlet-Apparatur benutzt.[27a] Vom Aufbau weicht sie von der Circulationsapparatur ab, erfüllt jedoch den gleichen Zweck. Im unteren Rundkolben siedet das Lösungsmittel, steigt als Dampf empor und wird im Kühler kondensiert. Das Kondensat tropft in eine Kartusche, die den Grundstoff enthält.[27a] Dieser Grundstoff wird extrahiert und dadurch der Wirkstoff entzogen. Das Extrakt mit dem Lösungsmittel rinnt zurück in den unteren Rundkolben, wo das Lösungsmittel durch die konstante Wärmezufuhr erneut siedet und der Prozess von vorne beginnen kann.[27a]

Die Quintessenz

Als Quintessenz (lat. quinta essentia) wurde ein Stoff beschrieben, der beispielsweise durch Destillation[9] oder Extraktion mit einem

Lösungsmittel (z.B. Alkohol)[2] aus einem Grundstoff gewonnen wurde.[2, 9] Die Quintessenz kann eine therapeutische Wirkung haben[2, 9] und wäre somit das heutige Äquivalent zum Terminus „Wirkstoff". Das Ziel war die höchstmögliche Anreicherung der Quintessenz und im Umkehrschluss der bestmögliche Auszug der gewünschten Substanz aus dem Ausgangsmaterial (z.B. einem Kraut).[2, 9]

Ausgangsstoffe für die Destillation

Es gibt viele verschiedene alchemistische Anleitungen für die Herstellung von Destillaten und Beschreibungen ihrer medizinischen Wirkung. Solche Anleitungen sind beispielsweise in dem Buch der "Ausgebrannten Wasser"[17], in der Veröffentlichung von Hieronymus Brunschwig[9], im "Kreuterbuch" von Adam Lonitzer aus dem Jahr 1598[10] und weiteren Veröffentlichungen[1, 28] zu finden. Die Arbeitsmethoden und Techniken der Alchemie wurden bewusst für die Entwicklung neuer Arzneimittel oder zur Verbesserung alter Therapeutika eingesetzt.[24, 28] Gerade vor dem Hintergrund, dass Operationen von

Chirurgen, damals Handwerker und keine Ärzte,[18] durchgeführt wurden, etablierte sich eine neue Therapiemöglichkeit durch Extrakte oder mineralische Therapeutika für die Ärzte jener Zeit.[24] Es ist anzunehmen, dass sich Ärzte entsprechend für die Kunst der Alchemie zu interessieren begannen.[9, 24, 28] Interessant ist die Beschreibung der Synthese einer schmerzstillenden Tinktur eines Arztes auf der Grundlage von Opium in der Veröffentlichung „Destillierkunst" (1736). [28] Hintergrund der Synthesebeschreibung ist die gewollte schmerzstillende Eigenschaft (Analgesie) des Opiums mit dem Wunsch, die Nebenwirkungen durch das Einwirken von Schwefelsäure auf das Opium abzumildern. [28] Über den medizinischen Erfolg des hergestellten Produktes wurde nicht weiter referiert.[28]

Allgemein wurde den zu destillierenden Ausgangsprodukten kein Limit gesetzt. Es wird die Destillation von Fleisch, Wurzeln, tierischen Produkten oder auch von Früchten (Äpfel, Birnen, Pflaumen) beschrieben.[9] Bei der Destillation von Früchten handelt es sich nicht um die Erzeugung von feinen Obstbränden, da im Gegensatz zu Obstbränden nicht initial eine Maische erzeugt,[4] sondern der Obstbrei direkt über Sand destilliert wurde.[9]

Generelle Anleitung zur Destillation von Kräutern

B lüten oder Kräuter sollten für die Destillation bei ihrer vollen Reife gesammelt werden.[9] Für die exakte Wahl des Erntezeitpunkts sind im Destillierbuch von Hieronymus Brunschwig entsprechende Einträge neben Erläuterungen zur medizinischen Wirkung eines Krauts zu finden.[9] Die anschließende Destillation des Krautes sollte im balneum mariae oder in Rossmist erfolgen.[9] Da die beschriebenen Wärmequellen milde Destillationstemperaturen erwarten lassen,[1, 2] kann angenommen werden, dass eine Schädigung des Destillats durch zu hohe Temperaturen vermieden werden sollte. Um das Destillat besser mit den Inhaltsstoffen der Blüten oder Kräutern anzureichern, wurde empfohlen, den Ausgangsstoff zuerst zu digerieren[28] oder das gewonnene Destillat zusätzlich in neu geernteten Blüten oder Kräutern für weitere 14 Tage zu digerieren, um es dann im Anschluss erneut zu destillieren.[9]

Im Folgenden sind Beispiele von Destillationsprodukten angeführt, die jedoch der Fülle an alchemistischen Destillationsverfahren nicht gerecht werden können.

Alcohol Vini

Für die Gewinnung des Alcohol vini (lat. Vinum, Wein – Alkohol des Weines) wurde Wein im balneum mariae so lange destilliert, bis der Destillationsrückstand eine honigartige Konsistenz annimmt.[1] Das aufgefangene Destillat wurde zum Destillationsrückstand gegeben, und die Prozedur wurde mehrfach wiederholt.[1, 43c] Im Anschluss wurde das

Seite 50: Der Ofen wird für die Destillation vorbereitet. Schön zu sehen sind die drei Löcher, in welche die im rechten Bildrand stehenden Gefäße gestellt werden.

Seite 51: Wenn das Feuer lodert und das Destillationsgut vorgelegt ist, so wird der Helm aufgesetzt. Das Destillationsgut steigt nach oben und rinnt entlag des Rohrs in die Vorlage.

Destillat rektifiziert, sodass ein starker Branntwein oder Spiritus vini erhalten wurde, der mit einer himmelblauen Farbe verbrennt[43c] und unter anderem als Lösungsmittel[1, 28] oder als Reinigungsmittel für Wunden bei Entzündungen[28] diente. Bei mehrfacher Destillation des Branntweins wurde eine Flüssigkeit mit dem Namen „Alcohol" erhalten.[1, 28, 43c] Aus dem honigartigen Destillationsrückstand, der Phlegma des Weins genannt wurde, konnte Weinstein gewonnen werden.[1]

Durch die Fermentation von Traubensaft entsteht nach heutigem Wissenstand Ethanol, das zu den Alkoholen zählt.[4, 5] Bei der beschriebenen mehrfachen Destillation wird dieser

Alkohol stufenweise konzentriert.[4, 43c] Beachtenswert ist die genannte Charakterisierung des Alkohols (Verbrennen mit blauer Flamme) und dessen Nutzung als Desinfektionsmittel.

Destillation von Holz (acetum lignorum)

Zerkleinertes Holz wurde in einen Rundkolben gegeben und das Reaktionsgefäß wurde mit einem weiteren, blinden Rundkolben verschlossen.[2] Der Übergang wurde abgedichtet und einer der beiden Kolben wurde in der Erde vergraben, sodass er stabil stand.[2] Um den aus der Erde herausragenden Kolben wurde ein Kreis aus Kohle gelegt, der entzündet und mit der Zeit stückweise näher bis zur vollständigen Bedeckung des Kolbens gerückt wurde.[2] Nach vier Stunden unter den glühenden Kohlen wurde der Kolben abgekühlt und ausgegraben.[2] Im unteren Kolben befand sich eine Flüssigkeit und der Rückstand des Holzes.[2] Diese Flüssigkeit wurde im Wärmebad (balneum mariae) für vier Wochen erhitzt und anschließend destilliert, wobei ein Öl als Kondensat erhalten wurde.[2] Das Öl konnte wieder für mehrere Tage erwärmt und später destilliert werden.[2]

Die beschriebene Destillation entspricht nach heutigem Kenntnisstand einer Holzdestillation unter Luftabschluss.[5] Durch die Erhitzung von Holz im verschlossenen Reaktionsgefäß werden unter anderem Wasser, Methanol, Essigsäure oder Aceton freigesetzt.[5] Nach dem Abkühlen kondensieren die Flüssigkeiten und setzen sich im unteren Kolben ab. Der Rückstand wird als Holzteer bezeichnet.[5] Das längere Erwärmen des Holzteers könnte zu einer Art Fermentation beitragen (sofern die Mikroorganismen in dem Medium überleben), bei der Mikroorganismen ähnlich wie bei der alkoholischen Gärung die Rückstände verstoffwechseln und dadurch neue Stoffe entstehen lassen. Die leicht flüchtigen Substanzen werden in der Destillation von den schwer flüchtigen getrennt und erneut der Fermentation unterzogen. Die abschließende Destillation führt zum gereinigten Öl.

Alternativ führten die Alchemisten eine Holzdestillation durch, bei der zuerst glühende Kohlen vorgelegt und über diesen Holzstücke geschichtet wurden.[13a] Die gasförmigen Verbrennungsprodukte wurden über mehrere Stunden aufgefangen und kondensiert.[13a] Auf diese Weise ließen sich 20-30 Pfund (ca. 13 kg) an Destillat gewinnen, dessen Geschmack als sauer, ähnlich dem des Essigs, beschrieben wurde.[13a] Im Gegensatz zur Destillation durch eine Retorte zeichnet sich das Verfahren durch seine Effizienz aus, da Holz sowohl der Lieferant des aceti lignorum (lateinisch für Essig der Hölzer) als auch zugleich die Feuerquelle für die Destillation ist.[13a] Neben der Ersparnis des Kohlekaufs entfällt zusätzlich die Zerkleinerung des Holzes.[13a] Ein Zusammenhang zwischen der Dichte des Holzes und dem Säuregehalt wurde festgestellt und zeigt, dass schwere Hölzer stärkere Destillate hervorbringen.[13a]

Trennung von öligen und wässrigen Flüssigkeiten

In der Veröffentlichung "Alchemistische Praktik" (1603) wird der Waldenburgsche Kolben beschrieben, der die Form einer Amphore besitzt und dazu dient, zwei unmischbare Flüssigkeiten (Öle und Wasser) voneinander zu trennen.[2] Ein kegelförmiges Gefäß mit einem strohhalmgroßen Auslass am unteren Ende und gleicher Funktion wird in einer weiteren Veröffentlichung[28] unter dem Namen separatorium (lat. separare, trennen) erwähnt. Das Trennen von Wasser

Seite 55 (oben): Der Waldenburg'sche Kolben hat keinen Auslass; entsprechend müssen die getrennten Flüssigkeiten aus der oberen Öffnung entnommen werden.

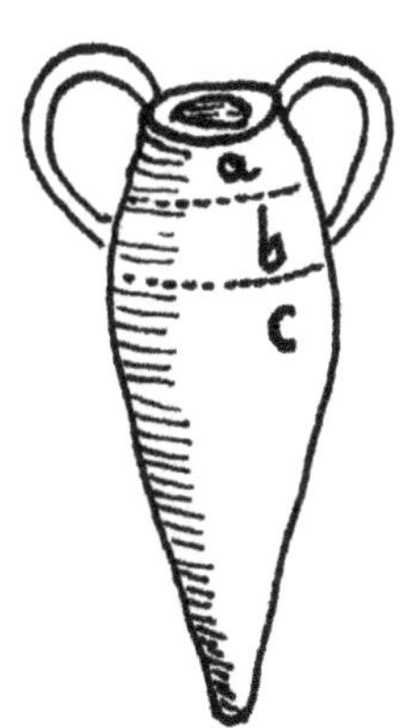

Seite 55 (mitte): Das separatorium ähnelt einem trichterförmigen Glas, an das ein Auslass am Boden hinzugefügt wurde. Beim Einfüllen des Flüssigkeitsgemischs wurde der Auslass z.B. mit dem Finger verschlossen und erst nach dem Entmischen der Flüssigkeiten wieder freigegeben.

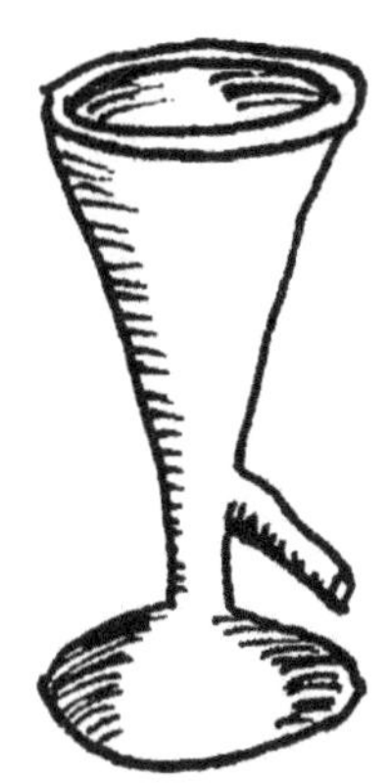

Seite 55 (unten): Beim modernen Scheidetrichter gelingt die Trennung öliger von wässrigen Flüssigkeiten über den verschließbaren Auslass am unteren Ende.

und Öl gelingt durch das selbstständige Entmischen beider Flüssigkeiten. Wird das Flüssigkeitsgemisch in das Gefäß gegeben, entmischen sich die beiden Flüssigkeiten und bilden zwei Phasen. Durch das Aufnehmen der oberen Phase oder alternativ durch das Öffnen und Verschließen des Auslasses beim separatorium mit dem Finger[28] können die Flüssigkeitsphasen getrennt werden.

Der Waldenburgsche Kolben[2] und das separatorium[28] sind einem modernen Scheidetrichter sehr ähnlich, wobei die Trennung der Flüssigkeiten beim Scheidetrichter durch ein Ventil am unteren Ende des Gefäßes gelingt. [27a].

Seite 57: Eine Darstellung zur Produktion von Schwefel um 1600. In den Kolben, die durch den Ofen erhitzt werden, wurde zuvor Schwefelerz gegeben. Durch die Hitze wird der Schwefel gasförmig. Im oberen Teil des Kolbens kondensiert er und bleibt aufgrund der Hitze flüssig. Er rinnt über die Röhren in einen weiteren Kolben, wo sich der flüssige Schwefel sammelt und in den Bottich (Bildmitte) läuft. Aus diesem kann der Schwefel für den Transport verladen werden.

Chemische Prozesse

Publikationen über alchemistische Synthesen

Bei den im letzten Kapitel beschriebenen Arbeitsmethoden handelt es sich um Techniken, die für die Durchführung chemischer Arbeiten notwendig sind. Sie lassen sich mit den Werkzeugen eines Handwerkers vergleichen. Die Bezeichnung „Handwerk" trifft in diesem Rahmen zu, denn das Fingerspitzengefühl für die richtige Feuertemperatur beim Destillieren oder das vorsichtige Trennen öliger von wässrigen Flüssigkeiten verlangt mehr als ausschließlich theoretisches Wissen.[28] Aber ohne das Fachwissen über Kräuter oder Wurzeln und deren Blütezeit oder Wirkung ist auch das höchste handwerkliche Geschick nutzlos. Aus dieser Symbiose zwischen Handwerk und Theorie setzt sich die Alchemie und auch noch die moderne Chemie zusammen. So sollte es zumindest sein, denn wie in der Veröffentlichung „Zum allgemeinen Gebrauch wohlgerichtete Destillierkunst" (1736) zu lesen ist, „sind die meisten [chemischen] Gelehrten mit dem Hochmut stärker als mit der Pest angesteckt" (nach Quelle 28, Seite 6) und scheuen den Umgang mit dem Handwerker.[28] Dabei wurden und werden chemische Prozesse in vielen handwerklichen Gewerben, wie in

Gerbereien, Brauereien oder Glasmachereien, genutzt und sowohl das Handwerk als auch die akademische Welt hätten nach Ansicht des Autors aus dem Jahr 1736 von einem fachlichen Austausch voneinander profitieren können.[28]

Bei Beherrschung der alchemistischen Arbeitsmethoden und mit entsprechender Kenntnis der Materie entfaltet die Alchemie (und auch heute noch die Chemie!) ihre höchste Kraft: Die Synthese chemischer Stoffe. Dadurch ist es möglich, sich vom Produktportfolio der Natur zu lösen und neue (oder auch alte) Stoffe auf einem effizienteren Weg herzustellen, als es durch Extraktionen oder Destillationen möglich wäre. Entsprechende Anleitungen zu chemischen Reaktionen wurden bereits in verschiedenen alchemistischen Publikationen[1, 2, 11, 13a, 13b, 19, 28] beschrieben. Die Veröffentlichungen bilden auf diese Weise eine Art Synthesekatalog und somit ein Gegengewicht zu den teilweise mystisch und dunkel geschriebenen Werken[30, 51] der Alchemie. War Fachwissen über einen bestimmten Stoff notwendig, konnte neben dessen Charakterisierung oder medizinischer Wirkung auch die Synthese nachgeschlagen und die Ausführung im Labor erprobt werden.[1, 2, 9, 11, 13a, 13b, 19, 28] An dieser Verfahrensweise hat sich bis heute im modernen, wissenschaftlichen Labor nicht viel geändert: Vor einer

Seite 61: Ein Beispiel eines alchemistischen Labors. Im Bildzentrum, im rechten und linken Bildrand sind Öfen zu sehen, für deren Befeuerung der von links in den Raum kommende Mann sorgt. Im Vordergrund sind Kolben und Alembiks auf dem Boden verteilt, die vermutlich gleich in den rechts dargestellten Ofen eingesetzt werden. Die offenen Fenster waren wohl nötig, um die Dämpfe und den Rauch abzuleiten.

Chemische Prozesse

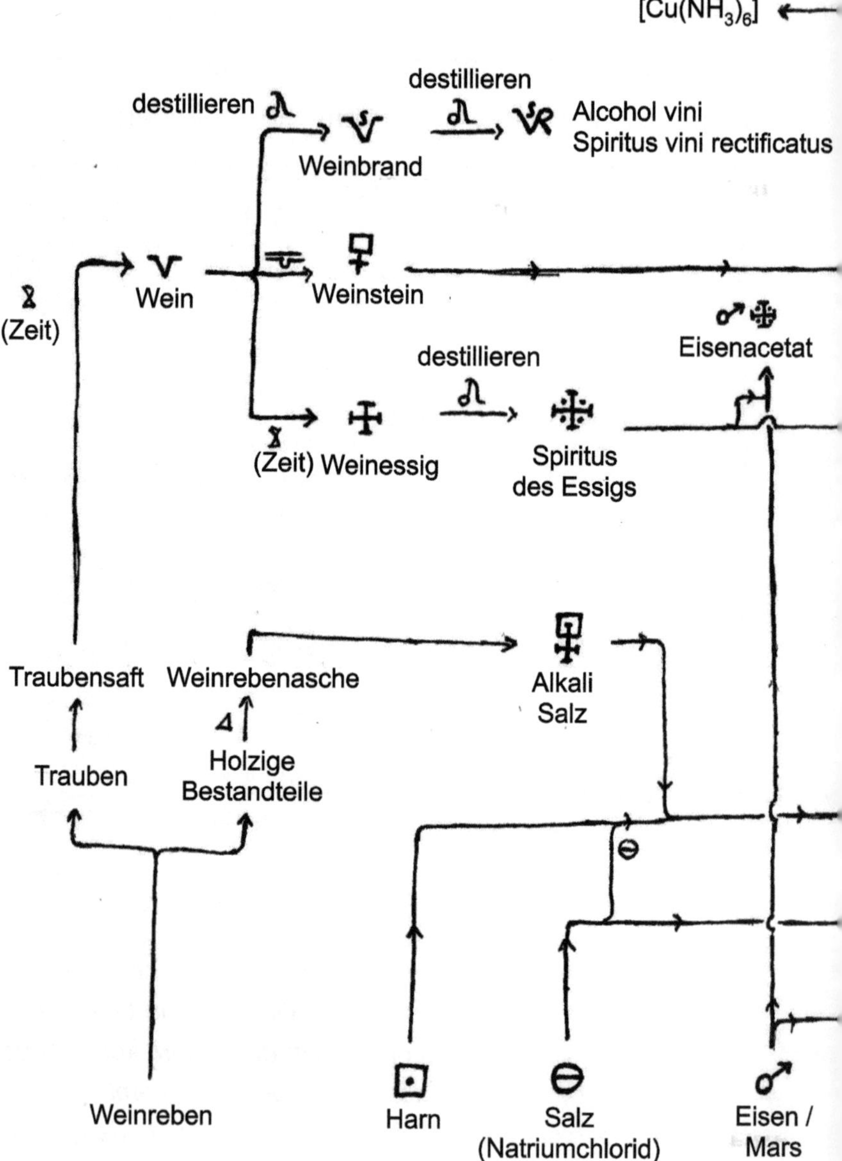

Chemische Prozesse

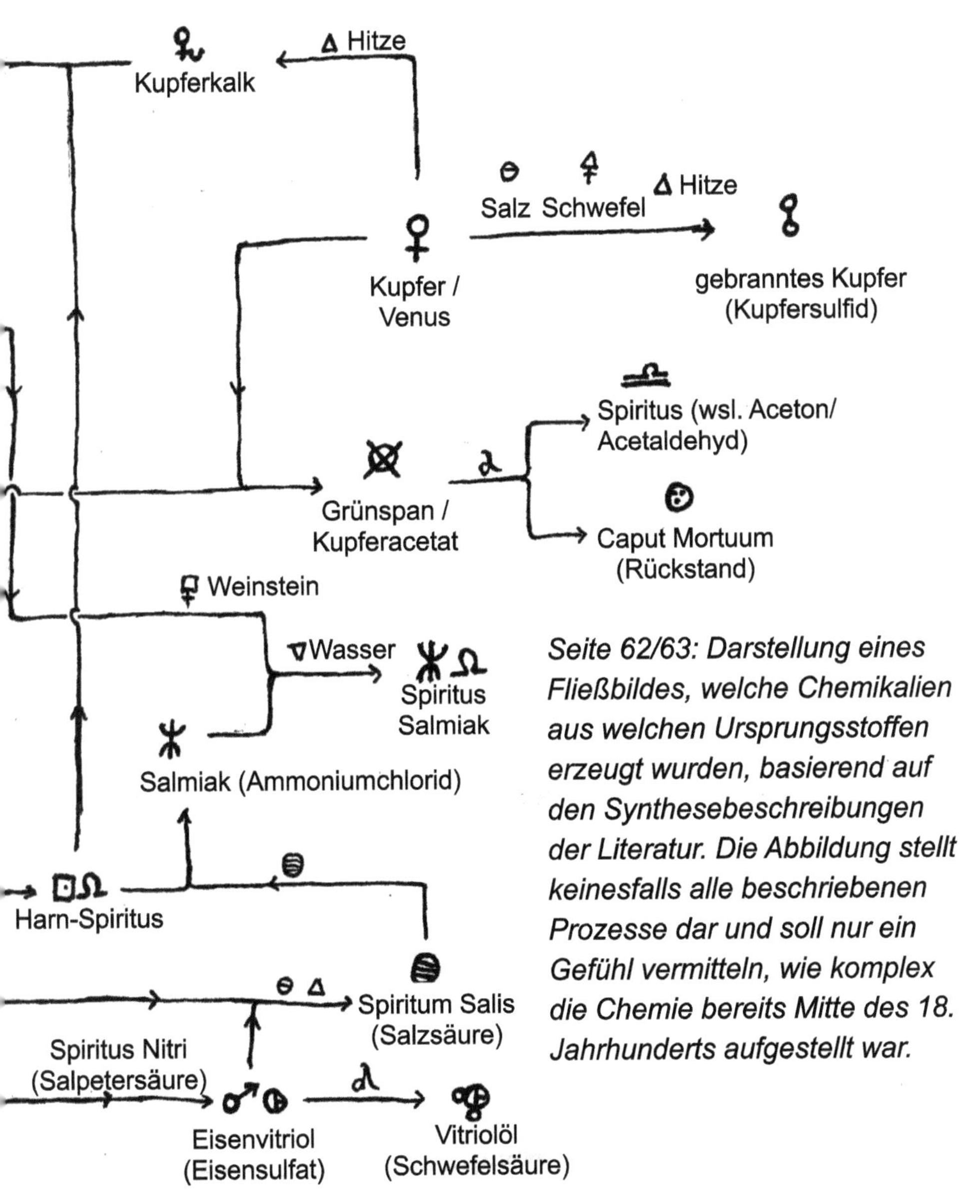

Seite 62/63: Darstellung eines Fließbildes, welche Chemikalien aus welchen Ursprungsstoffen erzeugt wurden, basierend auf den Synthesebeschreibungen der Literatur. Die Abbildung stellt keinesfalls alle beschriebenen Prozesse dar und soll nur ein Gefühl vermitteln, wie komplex die Chemie bereits Mitte des 18. Jahrhunderts aufgestellt war.

Synthese steht auch heute die Literaturrecherche mit der Fragestellung, ob das Zielprodukt und dessen Herstellung bereits bekannt sind. So darf sich der angehende Chemiker an den Errungenschaften der Generationen vor ihm bedienen und wird im Gegenzug der Folgegeneration ein Portfolio neuer Synthesen von unbekannten Stoffen hinterlassen.

Es würde den Rahmen dieses Buches sprengen, alle bekannten alchemistischen Prozesse ausführlich zu beschreiben, da dies sicherlich mehrere hundert Seiten in Anspruch nehmen würde. Daher wird im Folgenden nur ein Ausschnitt von überlieferten Syntheseprotokollen wiedergegeben, welcher ein Gefühl für die Arbeitsweise, aber auch für den Wissensschatz der Alchemie zwischen 1500 und 1750 vermitteln soll. Viele chemische Prozesse sind unter anderem in folgenden Werken beschrieben, wobei kein Anspruch auf Vollständigkeit erhoben wird:

- D.O.M.A. Alchemistische Praktik (1603)
- Furni novi Band 1-5 (1661)
- Collectanea Chymica Leidensia (1696)
- Gründliche Anleitung zur Chymie (1727)
- Zum allgem. Gebrauch wohlger. Destillierkunst (1736)
- Conspectus Chemiae (1749-1753)

Säuren- und Basenchemie der Alchemie

Nach heutiger Definition unterscheiden sich Säuren und Basen hinsichtlich ihres pH-Wertes, der mit der Protonenkonzentration korreliert.[6] Protonen sind positiv geladene Teilchen, die bei hohen Konzentrationen zu einem niedrigeren pH-Wert führen und bewirken, dass eine Flüssigkeit sauer ist.[6] Basen bilden das entsprechende Gegenstück zu den Säuren und verringern die Protonenkonzentration, was zur Erhöhung des pH-Wertes führt.[6]

Eigenschaften von Säuren

Die Alchemisten konnten Säuren durch ihren charakteristischen sauren Geschmack charakterisieren. Zudem beobachteten sie, dass Säuren in der Lage waren, metallische Körper aufzulösen,[1, 19, 20, 28] weshalb sie von den Alchemisten als Lösungsmittel betrachtet wurden.[28] Typische Vertreter saurer Lösungsmittel waren Essige, saure Weine, Zitronensaft und der Ameisenspiritus.[28]

Herstellung des Ameisenspiritus

Der Ameisenspiritus wurde hergestellt, indem ein mit Honig ausgeriebener Topf umgestülpt auf einen beschädigten Ameisenhaufen gesetzt wurde.[28] In dem Topf sammelten sich die Ameisen, die mit einer Feder in ein Gefäß mit vorgelegtem Weinspiritus (Alkohol) gekehrt wurden.[28] Hier wurden die Ameisenkörper durch den Weinspiritus extrahiert.[28] Der so entstandene Ameisenspiritus diente als Aphrodisiakum und linderte Gliederschmerzen.[28] Ob für die Wirkung ein extrahierter Stoff der Ameisenkörper oder eher der im Weinspiritus enthaltene Alkohol verantwortlich ist, wird mit einem Augenzwinkern dem Leser überlassen.

Herstellung von Weinessig

Weinessig stellte eine wichtige Ausgangskomponente dar und wurde aus an einem warmen Ort über eine lange Zeit gelagertem Wein gewonnen.[1, 3] In dieser Zeitspanne wurde der im Wein enthaltene Ethanol durch Essigsäurebakterien zu Essigsäure umgesetzt.[4, 5, 14]

$$2\ CH_3CH_2OH + 2\ O_2 \rightarrow 2\ CH_3COOH + 2\ H_2O\ [5]$$

Herstellung des Essigspiritus

Um die Säure aus dem Weinessig zu isolieren, destillierten die Alchemisten einen scharfen Weinessig mittels einer Retorte oder einem gläsernen Curcurbit bei einem Feuer des II. oder III. Grades.[1] Nach der Destillation konnte der Spiritus des Essigs in der Vorlage als Destillat gefunden werden, der in der Putrefaction metallische oder mineralische Gegenstände auflösen konnte.[1] Der Destillationsrückstand, üblicherweise als „feces" bezeichnet,[1] enthält das „Öl des Essigs", aus dem Weinstein gewonnen werden konnte.[1] Da dieser gewonnene Essig wahrscheinlich durch einen hohen Wasseranteil schwach ist, wurde in der Veröffentlichung "Conspectus Chemieae" (1753) empfohlen, vor der Destillation den Essig mit einem Alkalisalz (einer Base, z.B. Asche[1, 15, 43c]) zu sättigen.[43c] Anschließend wurde in einem Zinngefäß das Wasser der alkalischen Lösung im gelinden Feuer abdestilliert.[43c] Der zurückbleibende eingedickte, honigartige Rückstand wurde mit kommerziell erhältlicher[19] Schwefelsäure angesäuert und erneut unter starkem Feuer destilliert. [43c] Das aufgefangene Kondensat wurde als ein wesentlich stärkerer Essig erhalten.[43c]

Bei dieser Durchführung kommt es zu einer Deprotonierung der Essigsäure durch das zugegebene Alkalisalz (hier: Calciumoxid – CaO aus der Asche).[20] Die deprotonierte Essigsäure kann nicht mehr durch die Destillation des Essigs aus der flüssigen Phase austreten und es wird beim ersten Destillieren lediglich das im Essig enthaltene Wasser entfernt. Das Salz der Essigsäure bleibt zurück und führt zur Verdickung der Flüssigkeit, bis sie honigartig wird.

$$CaO + H_2O \rightarrow Ca(OH)_2 \text{ [6, 65]}$$
$$2\ H_3CCOOH + Ca(OH)_2 \rightarrow Ca(H_3CCOO)_2 + 2\ H_2O \text{ [66]}$$

Im Anschluss erfolgt die Reprotonierung der Essigsäure mit Schwefelsäure.

$$Ca(H_3CCOO)_2 + H_2SO_4 \rightarrow 2\ H_3CCOOH + CaSO_4 \text{ [66]}$$

Nach der Protonierung der Essigsäure kann sie wieder sieden und wird beim zweiten Destillationsvorgang als Kondensat gewonnen. Durch das Entfernen des Wassers im ersten Schritt ist die Konzentration der nach der zweiten Destillation erhaltenen Essigsäure deutlich höher.

Neben schwachen Säuren wie Weinessig oder Zitronensaft waren den Alchemisten auch starke Säuren wie Salpeter-, Salz- und Schwefelsäure bekannt, die für das Auflösen von Metallen verwendet wurden.[1, 19, 28]

Herstellung von Schwefelsäure (Vitriolöl)

Vitriole sind Salze der Schwefelsäure[7] und kommen als weiße, grüne[44] oder blaue[44] Feststoffe vor. Die unterschiedliche Farbe rührt von den enthaltenen Metallen her,[43c] welche mit der Schwefelsäure ein Salz gebildet haben. Weißes Vitriol entspricht dem Zinksulfat, grünes dem Eisensulfat[1, 43c] und blaues dem Kupfersulfat.[19, 43c]

Chemische Prozesse

Das Vitriol ist ein mineralischer Körper und
bestehet aus dem allgemeinen Sauersalze und
einem metallischen Antheil, welcher vornehmlich
Kupfer oder Eisenerde ist
(nach Quelle 43c, Seite 304)

Das Vitriol unterscheidet sich nach der Farbe,
denn man hat Saphirblauen, welcher das meiste
vom Kupfer in sich hat. Grünen, welcher
eisenhaltig ist. Grünlicht blauen, welcher beide
Metalle in sich hält. [... und] weißer Vitriol
[...] hält viel Zink in sich.
(nach Quelle 43c, Seite 306)

Aus deutschen (Goslar in Sachsen) und zypriotischen
Bergwerken wurde um das Jahr 1700 das himmelblaue
Kupfervitriol bezogen.[17] Das deutsche Vitriol war wohl
in solchen Mengen verfügbar, dass „ellenlange und
armdicke Zapfen für sehr geringes Geld verkauft wurden".
[43c] Eisenhaltige Vitriole wurden aus Rom, Pisa oder
England importiert.[19] Vitriole sind allgemein im
wässrigen Medium gut löslich (>200 g/l).[12a-c] Sie
wurden im Bergbau gewonnen und können durch das
Auslaugen des Gerölls mit heißem Wasser gelöst

werden. Das Vitriol wird nach dem Absetzen des Sediments durch Eindampfen des zuvor filtrierten wässrigen Überstands erhalten.[11]

Seite 71: Sulfate bzw. Vitriole wurden in Bergwerken abgebaut, wie in der hier dargestellten Grube Anna-Elisabeth bei Schriesheim (Bergstraße).

Seite 72: Die Vitriolgewinnung nach Georg Agricolas Werk "Vom Bergwerk" aus dem Jahr 1557: Nach dem Abbau des Erzes wird dieses mit Wasser gewaschen (linker, unterer Bildrand). Die vitriolhaltige Lauge wird in der viereckigen Pfanne (untere Bildmitte) erhitzt, bis sie dickflüssig wird. Anschließend wird die eingeengte Lauge in einzelne kleinere Fässer aufgeteilt, in welche die im linken Bildhintergrund gezeigten Stäbe gehängt werden. An den Stäben kristallisiert das Vitriol und kann entsprechend gewonnen werden.

Schwefelsäure, auch aufgrund ihrer Gewinnung aus Vitriolen entsprechend antiquiert Vitriolöl genannt, wurde aus England und Holland kommerziell bezogen.[19] Zur Herstellung von Schwefelsäure im kleinen Maßstab wurde vom Alchemisten zuerst Eisenvitriol ($FeSO_4$) in einem Topf und anschließend in einer Retorte stark erhitzt.[1] Der sich bildende weiße Rauch (wahrscheinlich Schwefeltrioxid, SO_3) und die entstehenden Dämpfe wurden in die Vorlage eingeleitet, aus welcher nach Beendigung der Prozedur die Schwefelsäure gewonnen wurde.[1] Die Destillation wurde unter großer Hitze für mehrere Stunden fortgesetzt und das in die Vorlage tropfende Vitriolöl wurde gesammelt.[1] Auf ähnliche Weise gelang die Gewinnung von Vitriolöl auch durch die trockene Destillation von Kupfervitriol (Kupfer(II)Sulfat, $CuSO_4$).[19]

Durch das Erhitzen von Eisensulfat entweicht zuerst das Kristallwasser und Eisensulfat zersetzt sich.[52, 67]

$$2\ FeSO_4 \rightarrow Fe_2O_3 + SO_2 + SO_3 \quad [52, 67]$$

Mit der Feuchtigkeit in der Vorlage oder bei bereits eingeleitetem Wasser reagiert Schwefeltrioxid (SO_3)

zunächst zum Addukt $H_2O \cdot SO_3$, das dann weiter zur Schwefelsäure reagiert und sich als Flüssigkeit niederschlägt.[20, 68]

$$H_2O + SO_3 \rightarrow [H_2O \cdot SO_3] \rightarrow H_2SO_4 \ [20, 68]$$

Die gewonnene ölige, „sehr scharfe" Substanz wurde von den Alchemisten als ätzend charaterisiert und diente zum Auflösen von Metallen.[1, 19, 28]

Herstellung von Salzsäure (spiritum salis)

Bei dem bereits durch Valentinus Basilius entdeckten Prozess wurde Kochsalz (Natriumchlorid) mit Vitriol (z.B. Eisensulfat) oder gegebenenfalls Alaun in einem Mörser verrieben, und die gasbildende Mischung wurde auf glühende Kohlen aufgetragen.[13a] Die Mischung schmolz auf den Kohlen und blieb auf diesen haften.[13a] Es wurde ein „mit großer Gewalt" entstehendes Gas beschrieben, das aufgefangen und kondensiert werden sollte.[13a]

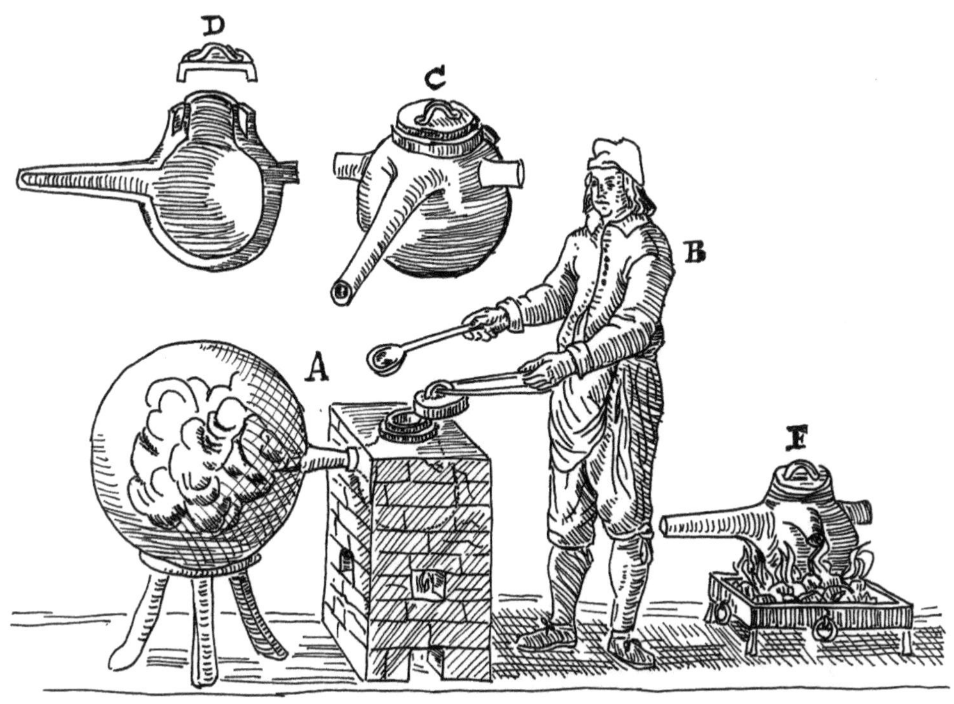

Seite 75: Die Herstellung von Salpetersäure konnte in einer solchen Apparatur erfolgen. Die Ausgangsstoffe wurden über eine Schippe in den runden Kessel (E bzw. C) gegeben, der verschlossen im Ofen erhitzt wurde. Die Öffnung des Kessels ragte in eine entsprechende Vorlage, wo die Säure aufgefangen werden konnte (A).

Chemische Prozesse

In diesem Prozess beschreibt die moderne Chemie die Bildung von Schwefelsäure (H_2SO_4) aus dem Vitriol ($FeSO_4$) bzw. Alaun (ein Sulfat verschiedener Metalle) durch den thermischen Zerfall des Vitriols (Sulfats).[12c, 53]

$$2\ FeSO_4 \rightarrow Fe_2O_3 + SO_2 + SO_3 \quad [52, 67]$$
$$H_2O + SO_3 \rightarrow H_2SO_4 \quad [20, 68]$$

Zusammen mit Natriumchlorid (NaCl) reagiert die Schwefelsäure (H_2SO_4) zu Chlorwasserstoffsäure (HCl), die mit dem im Verbrennungsraum befindlichen Wasserdampf Salzsäure bildet.[20, 66]

$$H_2SO_4 + NaCl \rightarrow 2\ HCl + NaHSO_4 \quad [66]$$

Alternativ gelang die Herstellung von Salzsäure durch das Versetzen von Kochsalz (NaCl) mit Vitriolöl (Schwefelsäure, H_2SO_4).[15] Durch Destillation des Gemisches, wurde Salzsäure gewonnen.[15]

Herstellung von Scheidewasser (Salpetersäure)

Die alchemistische Herstellung von Salpetersäure ging von drei Komponenten aus, die in einer Reaktion unter Hitzeeinwirkung zusammengebracht wurden.[11, 19] Bei den Komponenten handelte es sich um Eisensulfat, auch Kupferwasser (Eisenvitriol) genannt,[25a, b] Salpeter ($NaNO_3$ oder KNO_3) und weiteren sich in verschiedenen Prozeduren voneinander unterscheidenden Stoffen.[11]

Die Bildung der Salpetersäure kann wie folgt nach heutiger Sicht gedeutet werden: In der Hitze zersetzt sich Eisenvitriol ($FeSO_4$)[12c] zu den Gasen Schwefeldi- und Schwefeltrioxid.[53] Die Gase reagieren mit dem in der Umgebung befindlichen Wasser zu Schwefelsäure (vergleiche Gewinnung der Schwefelsäure).[6, 12i]

$$2\ FeSO_4 \rightarrow Fe_2O_3 + SO_2 + SO_3 \ [52, 67]$$
$$H_2O + SO_3 \rightarrow H_2SO_4 \ [20, 68]$$

Die Schwefelsäure reagiert mit Salpeter (zum Beispiel dem Chilesalpeter, die Bezeichnung für Natriumnitrat).[6, 26] Bei der Reaktion protoniert die Schwefelsäure das

Nitrat-Anion des zugesetzten Salpeters (in folgender Reaktionsgleichung: Natriumnitrat - es können aber auch beliebig andere Nitrate verwendet werden), woraus die Salpetersäure (HNO_3) entsteht.[20, 69]

$$H_2SO_4 + NaNO_3 \rightarrow HNO_3 + NaHSO_4 \text{ [20, 69]}$$

Das Mengenverhältnis von Eisenvitriol und Salpeter variierte in den alchemistischen Vorschriften und liegt bei 1:2 oder auch bei 8:7.[11] Neben den zwei unerlässlichen Komponenten (Schwefelsäure und Salpeter) wurden meist weitere Stoffe bei der Salpetersäuregewinnung zugesetzt, die sich aber von Prozedur zu Prozedur unterschieden.[11, 19] Als Beispiel fand Alaun (z.B. Aluminiumkaliumsulfat) oder der Rückstand aus der Gold-/ Silbertrennung Verwendung.[11]

In einem anderen Prozess wurde Salpetersäure aus Salpeter, weißgebranntem Vitriol (Sulfate) und trockenem Ton hergestellt.[19] Bei der Herstellung der Salpetersäure wurden alle Komponenten unter Hitzeeinwirkung zur Reaktion gebracht.

Eine Veröffentlichung um 1700 berichtet von kommerziell verfügbarer Salpetersäure aus holländischen und französischen Quellen[19] und lässt die Vermutung zu, dass solche Basischemikalien durchaus über ein komplexes, internationales Vertriebsnetz bezogen werden konnten.

Eigenschaften von Basen

Das Gegenstück zu Säuren bilden Basen, welche nach heutigem Wissenstand Protonen binden und so die Protonenkonzentration senken. Damit erhöht sich der pH-Wert einer Lösung[6] und der saure Charakter von Säuren kann aufgehoben werden.[15]

Hiervon hat man Anlass genommen alle salia lixiviosa (lat. sal, salz; lixivia, Lauge; Laugensalze), die aus denen zur Asche verbrannten Vegetabilibus bereitet werden können, Alcalia zu nennen. Weil nun diese alle mit allen sauren dingen effervesciren (lat. effervescere, überkochen) und die Säure ihnen benehmen.
(nach Quelle 15, Seite 90f.)

Der Auszug aus Quelle 15 zeigt, dass alkalische Salze

(Basen) beispielsweise durch Verbrennung pflanzlicher Bestandteile gewonnen wurden. Weitere den Alchemisten bekannte Basen waren Pottasche (Kaliumcarbonat) und Soda (Natriumcarbonat), die auf natürliche Weise vorkamen.[1, 15, 28, 43c] Ähnlich wie Säuren wurden auch manche Basen von den Alchemisten zu den Lösungsmitteln gezählt.[1, 28] Folgende typische Vertreter waren: Weinstein per deliquium (durch die Umgebungsfeuchte zerflossener Weinstein), Pottasche per deliquium oder Urinspiritus, der mit Kupfer eine himmelblaue Tinktur bildet.[28]

Alkalische Lösungen aus Metalloxiden

Das Suspendieren von Asche (beispielsweise von Weinreben)[1] in Wasser war eine Methode zur Gewinnung alkalischer Lösungen.[1, 15, 43c] Die Begründung ist nach dem jetzigen Kenntnisstand wie folgt: Die in der Asche vorkommenden Leichtmetalloxide werden durch das Suspendieren der Asche im wässrigen Medium gelöst und bilden Basen (Stichwort: basenbildende Oxide).[20] Dadurch kommt es zu einer Erhöhung des pH-Wertes und zur Neutralisation einer sauren Lösung.[20]

$$CaO \text{ (aus der Asche)} + H_2O \rightarrow Ca(OH)_2 \text{ [6, 65]}$$

Alkalische Ammoniaklösungen

Heute charakterisieren wir Ammoniak (NH_3) als ein basisches Molekül, das aus Stickstoff und Wasserstoff aufgebaut ist und beispielsweise durch den bakteriellen Abbau von Harnstoff entsteht.[5, 78b, 78d] Wie aus der Herstellung zu vermuten ist, zeichnet sich Ammoniak durch einen durchdringenden, stechenden Geruch aus.[12k]

Die Alchemisten haben Ammoniak gewonnen, indem frischer Harn in einem verschlossenen Gefäß in der Winterzeit bis zu drei Monate, in der Sommerzeit drei Wochen an einem Ort mit konstanter Temperatur aufbewahrt wurde.[1] Die Quantität und die Aufbewahrungszeit variieren von Veröffentlichung zu Veröffentlichung.[13b, 15] Der fermentierte Harn wurde anschließend in einem gläsernen Kolben destilliert,[1, 15] wobei von dieser Methode aufgrund des stark schäumenden Charakters des Urins bei der Destillation und den damit einhergehenden handwerklichen Schwierigkeiten abgeraten wurde.[15] Nach der Rektifikation des in der Vorlage aufgefangenen Destillats wurde die erhaltene Flüssigkeit Harn-Spiritus genannt.[1] Alternativ wurde über Weinstein in einem gläsernen Kolben rektifiziert.[13b, 15] Der Harnspiritus diente als Lösungsmittel für Metalltinkturen.[1]

Die Entstehung von Ammoniak aus Harn kann aus heutiger Sicht durch den bakteriellen Abbau von Harnstoff im Urin erklärt werden.[5, 78a, 78b, 78d] Durch die Destillation wird eine basische Ammoniak-Wasser-Lösung erhalten.

In diesem Kontext ist der Salmiak (NH_4Cl, Ammoniumchlorid) zu erwähnen, der zu Beginn des 17. Jahrhunderts bei äußerlichen Verletzungen als wässrige Lösung aufgetragen und im selben Jahrhundert sowohl in Äthiopien als auch in Ägypten abgebaut wurde. [2] Bei Salmiak handelt es sich um ein Salzsäuresalz von Ammoniak und beschreibt das Produkt einer Neutralisationsreaktion.[6, 20]

$$NH_3 + HCl \rightarrow NH_4Cl \quad [6, 20]$$

Der Name „Salmiak" enthält einen Hinweis auf dessen Herkunft, welcher sich von salis armeniaci, dem Salz des Armeniens, ableitet und von wo es ursprünglich von Kaufleuten gehandelt wurde.[2] Salmiak wurde von den Alchemisten künstlich durch das Eindampfen von Urin mit einem Salz (wahrscheinlich Natriumchlorid) und Asche in einem Verhältnis von 8:2:1 gewonnen.[1] Der Eindampfungsrückstand wurde in Wasser aufgeschlämmt, filtriert und das Wasser des Filtrats durch Verdampfen teilweise entfernt.[1] Durch Lagerung des eingeengten Filtrats an einem kühlen Ort bildeten sich Salmiak-Kristalle. [1]

Unter Hitzeeinwirkung zerfällt Harnstoff im basischen oder sauren Milieu zu Ammoniak.[5, 78d] Als Base fungiert wahrscheinlich die eingesetzte Asche, die als wässrige Suspension einen pH-Wert von 10 aufweisen kann.[64, 78c] Die Salzbildung kann nur durch eine spätere Protonierung des Ammoniaks stattfinden, welche aus der Beschreibung nicht explizit ersichtlich wird, aber möglicherweise in Abhängigkeit vom pH-Wert beim Aufschlämmen mit Wasser stattfinden könnte.

$$NH_3 + H^+ + Cl^- \rightarrow NH_4Cl$$

Unklar ist, in welchem Ausmaß Ammoniak bei der Prozedur durch die Hitzeeinwirkung aus der Lösung entweicht.[78c] Aufgrund der vielen gelösten Stoffe (CaO aus der Asche, NaCl und ggf. weiteren Stoffen aus der Asche) ist auch die genaue Zusammensetzung des durch die Alchemisten beschriebenen Produktes schwer zu rekonstruieren.

Zur Herstellung einer Ammoniaklösung wurde Salmiak aus natürlicher oder künstlicher Quelle mit Weinstein in Wasser gelöst und anschließend destilliert.[1, 13b] Nach Destillation der Lösung wurde die Ammoniaklösung, der "Spiritus Salmiak", als Destillat erhalten,[1] der als sehr scharf und durchdringend charakterisiert wurde[13b] und auch in der Küche zum Würzen von Speisen Anwendung fand.[13a]

Da Ammoniumchlorid in wässriger Lösung vorwiegend das Proton in die Lösung abgibt, liegt Ammoniak als Molekül solvatisiert vor.[6, 7]

$$NH_4^+ \, Cl^- + H_2O \rightleftharpoons NH_{3(aq)} + H_3O^+ + Cl^-$$

Ammoniak kann mittels Destillation, bei der auch Wasser verdampft, aus dem Gleichgewicht entzogen werden.

Nach der Kondensation des Wassers während der Destillation löst sich der gasförmige Ammoniak im Kondensat und es entsteht eine basische Ammoniak-Wasser-Lösung.[6]

Chemische Reaktionen mit Blei

Bleioxid

Die Alchemisten stellten Bleioxid her, indem Blei in einer nicht gläsernen Schüssel durch glühende Kohlen zum Schmelzen gebracht wurde.[1] Das flüssige Blei wurde mit einem eisernen Spatel so lange gerührt, bis es eine feste, pulvrige Konsistenz bildete.[1] Nach sechs Stunden über dem Feuer wurde ein roter Feststoff erhalten, der als „Blei-Kalk" bezeichnet wurde.[1] Die Herstellungsmethode und die Charakterisierung sprechen aus heutiger Sicht für die Bildung von Bleioxid aufgrund der Oxidation des geschmolzenen Bleis durch den Luftsauerstoff.[12f, 56a]

$$2\,Pb + O_2 \rightarrow 2\,PbO \;[56a]$$

Bleizucker

Bleizucker wurde Ende des 17. Jahrhunderts ausgehend von Bleioxid hergestellt, indem Bleioxid in einen gläsernen Kolben gefüllt, mit Essig-Spiritus (Essigsäure) überschichtet und für acht Tage digeriert wurde.[1] Nach Entwicklung eines süßlichen Geschmacks wurde die Lösung filtriert und der Essig-Spiritus in der Hitze entfernt, sodass eine konzentrierte Bleizuckerlösung entstand.[1] Kristalle formierten sich aus dem Konzentrat und es entstand eine „zuckerartige" Substanz, die sehr süß schmeckte und äußerlichen Entzündungen entgegenwirkte.[1]

Bei dieser Reaktion bildet das in saurer Umgebung leicht lösliche Bleioxid[21] mit dem Essig das Produkt Bleiacetat, [54, 56a] welches als eine Substanz mit süßlichem, aber widerlichen Geschmack beschrieben wurde.[19, 21] Bereits zur Zeit der Römer wurde Bleizucker unter dem Namen „sapa" als ein Mittel zum Süßen von Speisen und Weinen benutzt.[6]

$$PbO + 2\ CH_3COOH \rightarrow Pb(CH_3COO)_2 + H_2O \quad [56a, 71, 73]$$

Eine ähnliche Versuchsbeschreibung ausgehend von

Bleiweiß (Bleicarbonat, $Pb_3(CO_3)_2(OH)_2$), das aus Venedig oder Holland bezogen werden konnte, wurde im Jahr 1717 publiziert.[19]

Chemische Reaktionen mit Kupfer

Seite 87: Ein Kupferschmied beim Ausformen eines Kessels. Das Metall ist bei Raumtemperatur gut formbar und wurde nach der römischen Göttin für die Schönheit "Venus" genannt - vielleicht weil sich in poliertem Kupfer das Antlitz des Betrachters widerspiegelt.

Chemische Prozesse

Kupfer ist ein rotbraunes Metall[12g], das Anfang des 18. Jahrhunderts hauptsächlich aus Schweden und Dänemark für den deutschen Wirtschaftsraum bezogen wurde.[19].

Kupferoxid (Kupfer-Kalk)

Zur Herstellung von Kupferoxid wurde ein Kupferblech (Cu) in einem abgedeckten Tiegel ausgeglüht und anschließend in Wasser abgeschreckt.[13a] Dabei fiel das Kupferoxid (CuO) als rote Flocken vom Kupferblech ab, die mit dem Namen "squamae" (lateinisch für Schuppen) benannt wurden. [13a] Dieser Prozess sollte so lange wiederholt werden, bis genügend Kupferoxid gesammelt wurde.[13a].

Durch das Ausglühen reagiert das oberflächliche, elementare Kupfer (Cu) des Blechs mit dem Luftsauerstoff (O_2) und es bildet sich eine Schicht Kupferoxid (CuO), die sich durch das Abschrecken löst. [20, 56a]

$$2\,Cu + O_2 \rightarrow 2\,CuO \quad [56a]$$

Kupfer(I)sulfid (CuS)

Die Alchemisten stellten Kupfersulfid ausgehend von Kupfer her.[19] Bei diesem Prozess wurde das Metall mit Schwefel und Meersalz (NaCl) in einem Tiegel über einem starken Kohlenfeuer erhitzt.[19] Nach dem Abbrennen des Schwefels wurde ein äußerlich graues, innerlich aber rotes, brüchiges Metall erhalten, das den lateinischen Namen "aes ustum" erhielt.[19] Die freie Übersetzung aus dem Lateinischen charakterisiert das Produkt vollständig: gebranntes Kupfer.

In der Hitze kommt es durch den Schwefel zur Oxidation von Kupfer, wobei sich Kupfer(I)Sulfid (CuS) bildet - ein blau bis grauschwarzer Feststoff.[12d, 57]

$$Cu + S \rightarrow CuS$$

Kupfer-Ammonio-Komplex

Der Kupfer-Ammonio-Komplex wurde durch das Digerieren von Kupfer-Kalk (CuO) mit Harn-Spritus ($NH_{3\ aq.}$) im Verhältnis 1:20 in einem Zeitraum von etlichen Tagen gewonnen.[1, 13b] Während dieser Zeit entstand eine Tinktur von blauer Farbe, die bei Magenbeschwerden[1] oder als Brechmittel[13b] eingesetzt wurde. Alternativ konnte das blaue Kupfer-Wasser durch das Mischen von Grünspan $(Cu(CH_3COO)_2)$ mit Salmiak-Spiritus $(NH_{3\,aq.})$ und alcohol vini nach 24 Stunden Digerieren erhalten werden.[1]

Die Bildung der blauen Lösung kann wie folgt gedeutet werden: In der wässrigen Umgebung wird Ammoniak und Kupferacetat[12h] gelöst. Mit dem freien Elektronenpaar des gelösten Ammoniaks bildet Kupferacetat einen quadratisch-planaren Tetraaminkupfer-(II)-Komplex von blauer Farbe.[6, 7]

Kupferacetat (Grünspan)

Grünspan ist ein grünliches Salz aus Kupfer und Essig, das um 1717 aus Montpellier als Pulver oder ganzstückig bezogen wurde und in dieser Zeit Anwendung in Färbereien, bei Münzmachern und in Schmieden fand.[19] In der Medizin wurde Grünspan zur Entfernung von wildem Fleisch oder als Wirkstoff für die Herstellung von Salben und Pflaster verwendet.[19] Die alchemistische Synthese von Grünspan ging von gefeiltem Kupfer aus, das in Essig-Spiritus (starke Essigsäure) so lange eingelegt wurde, bis sich die Kupferspäne aufgelöst hatten.[1] Die grüne Tinktur wurde im Anschluss filtriert und eingeengt.[1] Nach der Lagerung an einem kühlen Ort bildeten sich am Gefäßboden Kristalle, die durch Filtration isoliert werden konnten und dem Kupferacetat beziehungsweise Grünspan entsprachen.

Für diese Reaktion ist das initiale Feilen des Kupfers wichtig, da hierbei die Oberfläche des Kupfers im Vergleich zum ganzen Stück deutlich vergrößert wird. An dieser Oberfläche kann der Luftsauerstoff mit dem Kupfer langsam zu Kupfer(I)oxid reagieren und eine Oxidschicht bilden.[20, 56a, 74, 75]

$$4\ Cu + O_2 \rightarrow 2\ Cu_2O \quad [56a, 74]$$

Diese oberflächliche Oxidschicht[74] kann sich in der essigsauren Umgebung lösen,[20, 12j] wodurch die Kupferionen von den Acetatmolekülen aus der Essiglösung koordiniert werden und so die grünliche Färbung der Lösung entsteht.[55, 56b]

$$Cu_2O + 4\ H_3CCOOH \rightarrow 2\ Cu(H_3CCOO)_2 + H_2O + H_2 \quad [70]$$

Das unter Hitzeeinwirkung teilweise Entfernen des Lösungsmittels führt zur Erhöhung der Konzentration aller gelösten Ionen. Wird die konzentrierte Lösung an einem kühlen Ort gelagert, kommt es zur Bildung von Kristallen, [55, 56b] welche geerntet werden können und so Kupferacetat als Feststoff liefern.

Alternativ wurden Kupferbleche von den Alchemisten mit weingetränktem Trester geschichtet.[19] Nach ein paar Tagen bildete sich ein „grüner Rost" an den Kupferblechen, der abgetrennt wurde.[19] Die blanken Kupferbleche sollten wieder mit dem Trester geschichtet und die Prozedur wiederholt werden.[19] Durch das Tränken des Tresters in Wein wurde die Oxidation des in ihm enthaltenen Ethanols zur Essigsäure gefördert.[14, 27a]

Kupferspiritus

Wurde Grünspan in einer gläsernen Retorte erhitzt (Sandbad, Feuer III. Grades), konnte ein Destillat aufgefangen werden, das auch Alkahest (ein Lösungsmittel) genannt wurde.[1] Bei dem Destillat handelte es sich um den Spiritus des Kupfers, der ölig ist und einen sauren, appetitanregenden Geschmack hat.[1] Er vermochte Metalle und Korallen aufzulösen,[1] was ihm eine entsprechende Säurestärke attestierte. Der Destillationsrückstand reagierte nicht mehr sauer.[1]

Die Erklärung des säuerlichen Geschmacks und die Aggressivität gegenüber Metallen kann nur durch die Anwesenheit einer Säure erklärt werden. Die Struktur der chemischen Verbindung Kupferacetat lässt die Freisetzung von Essigsäure nach folgender Gleichung vermuten, was der Charakterisierung der Alchemisten entspräche:

$$2\ Cu(H_3CCOO)_2 \cdot H_2O + O_2 \rightarrow$$
$$2\ CuO + 4\ H_3CCOOH + 2\ H_2O$$

Der Vermutung entsprechend würde die Hitze einen thermischen Zerfall von Kupferacetat provozieren und so Essigsäure freisetzen.[12h, 47, 71a-e] Daher könnte die saure Natur des Destillats auf die Gegenwart von Essigsäure zurückzuführen sein.

Die Literatur [47, 71a-e] berichtet jedoch nicht von einem solchen trivialen Mechanismus, bei dem Essigsäure ohne Weiteres freigesetzt wird. Die Beobachtungen der Alchemisten können alternativ durch die Anwesenheit von Nebenprodukten oder Stoffen aus unvollständigen Reaktionen erklärt werden.

Chemische Reaktionen mit Eisen

Seite 94: Nach dem Namen des römischen Kriegsgottes Mars wurde das Metall Eisen benannt, vielleicht weil die Kriegswaffen aus diesem Metall gefertigt sind.

Eisen wurde aus Eisenerz der Bergwerke in Spanien, Deutschland und Schweden gewonnen.[19] Diese Abbaugebiete hatten im Vergleich zur französischen Eisengewinnung in Lothringen, der Champagne oder in der Normandie eine geringere wirtschaftliche Bedeutung.[19]

Eisensulfat

Bei der Digestion von Eisenspänen in Schwefelsäure (Vitriolöl) und Regenwasser (lat. aqua pluvium) für 12 Stunden[1] wurde die Bildung einer grünen Farbe[43c] beobachtet und es stellte sich ein süßlicher Geschmack ein.[1, 43c] Wurde die Lösung in der Hitze eingedampft und an einem kühlen Ort aufbewahrt, erfolgte die Bildung grüner Kristalle.[1, 43c]

Bei dieser Reaktion wird Eisen durch die Schwefelsäure oxidiert; die Ionen gehen in die Lösung über. Durch das Einengen der Lösung kristallisiert, gemäß der Charakterisierung, die Verbindung Eisensulfat.[6, 20, 66]

$$Fe + H_2SO_4 \rightarrow FeSO_4 + H_2 \ [66]$$

Eisennitrat

Eisennitrat wurde zur Behandlung von Gelbsucht genutzt[1] und wurde durch Digestion von Eisen in Scheidewasser (HNO_3) über Nacht hergestellt.[1] Bei der Reaktion wurde eine Gasentwicklung und Schaumbildung beobachtet,[1] nach der die Lösung eine rote Farbe angenommen hatte.[43c] Nach der Reaktion wurde die Flüssigkeit vollständig verdampft, bis ein brauner Feststoff - das Eisennitrat - zurückblieb.[1]

Bei der Reaktion oxidiert die Salpetersäure Eisen, wodurch Eisennitrat entsteht.[48, 66] Die Braunfärbung und die beschriebene lebhafte Gasentwicklung könnte auf die Bildung nitroser Gase zurückgeführt werden.

Eisenacetat

Wurde Eisen über siedenden Essig angebracht, konnte die Bildung einer weißen Schicht beobachtet werden, welche durch Abschaben gewonnen wurde.[1].

Chemische Prozesse

Unter der Einwirkung des Dampfes der Essigsäure wird Eisen unter Wasserstoffentwicklung oxidiert.[34, 76]. Das aus der Essigsäure entstehende Acetatanion bildet mit dem Eisenion das farblose Salz[35] Eisenacetat, welches vermutlich der beobachteten weißen Schicht entspricht. [34, 76].

$$Fe + 2\,H_3CCOOH \rightarrow Fe(H_3CCOO)_2 + H_2\ [34]$$

Eisencarbonat

Zur Herstellung von Eisencarbonat lösten die Alchemisten Eisenvitriol (Eisensulfat) mit Weinstein-Öl per deliquium (Kaliumcarbonat) in Wasser auf.[1]. Das Präzipitat (Eisencarbonat) wurde isoliert und als Arznei gegen Wurmerkrankungen bei Kindern und zur Behandlung der Gelbsucht gebraucht.[1]

Bei der Reaktion findet gemäß folgender Reaktionsgleichung ein Ionenaustausch statt:[36, 37]

$$FeSO_4 + K_2CO_3 \rightarrow FeCO_3 + K_2SO_4\ [36, 37]$$

Eisensulfat und Kaliumcarbonat sind im Wasser gut lösliche Salze.[12c, 12e] In der Lösung bildet sich

Eisencarbonat, welches wiederum schlecht löslich ist und daher als Feststoff ausfällt.[12l] Durch Filtration kann es aus der Lösung isoliert werden.

Oleum Martis

Durch das Auflösen von Eisen in Salzsäure (HCl aq.) beobachteten die Alchemisten die Bildung einer grünlichen Flüssigkeit.[13a] Nach Filtration folgte das Destillieren der Lösung bei gelindem Feuer.[13a] Der Geschmack des aufgefangenen Destillats wurde als neutral beschrieben, ähnlich dem des Regenwassers.[13a] Der rote Destillationsrückstand hingegen ist scharf und „so hitzig wie ein Feuer auf der Zunge".[13a] Der Rückstand wurde unter Luftabschluss aufbewahrt und diente zur chirurgischen Behandlung von Wunden.[13a]

Beim Auflösen von Eisen (Fe) in Salzsäure ($HCl_{aq.}$) entsteht Eisenchlorid ($FeCl_2$).[6, 20] Durch die Destillation wird die flüssige Phase verdampft und Eisenchlorid ($FeCl_2$) bleibt im Destillationssumpf zurück.[20] Der feurige Charakter des Destillationssumpfes ist vermutlich auf einen Säurerest zurückzuführen.

$$Fe + 2\,HCl_{aq.} \rightarrow FeCl_2 + H_2 \quad [6, 20]$$

Es werden in der alchemistischen Veröffentlichung auch weitere Öle (lat. olea) von Metallen, wie beispielsweise mit Kupfer, beschrieben.[13a] Da Kupfer von Salzsäure nicht aufgelöst wird,[20] sollte der Prozess mit Kupferoxid anstelle des elementaren Kupfers durchgeführt werden. [13a] Kupferoxid wird bei der Reaktion durch die Salzsäure aufgelöst und es bildet sich mit den Chlorionen aus der Salzsäure das Kupfer(II)chlorid.[20]

$$CuO + 2\,HCl \rightarrow CuCl_2 + H_2O$$

Ähnliche Verfahren werden für die Metalle Blei, Quecksilber, Antimon und Zinn beschrieben.[13a]

Chemische Reaktionen mit Gold

Gold ist das edelste Metall[19] und wurde in großem Stil aus Peru und Chile um das Jahr 1700 importiert.[19]

Gold=Amalgam

Quecksilber und Gold wurden zu einer wachsartigen Substanz vermischt, die ein Amalgam darstellt.[1] Durch das Erhitzen des Amalgams wurde das leicht flüchtige Quecksilber aus dem Amalgam getrieben und das Gold bleibt zurück.[1, 6] Dieses Verfahren fand Anwendung in der Reinigung von Goldnuggets, bei denen in Quecksilber nicht lösliche Bestandteile durch Filtration aus dem Amalgam entfernt werden können.[1]

Seite 100: Eine Amalgammühle um 1550, bei der mittels zwei aufeinander reibenden Steinscheiben Metalle mit Quecksilber verquirlt wurden.

𝕷iteratur

[1] COLLECTANEA CHYMICA LEIDENSIA, oder auserlesene mehr als 700. Chymische Prozesse Welche von Herrn Maethio, Margravio und le Mortio, ehedessen dreyen berühmten Prefessoribus der Chymie zu Leyden / denen damahls aus allen Theilen Europae gegenwärtigen Auditoribus so wohl publice, als privatim nicht nur gewiesen / sondern auch mündlich dictirt worden / vor diesem von Herrn Christoph Ludwig Morley / Med. Doct. aus Engeland / in Ordnung zusammen getragen / und ans Licht gebracht nochmahls durch Herrn Theodorum Muykens, Med. Doct. zu Amsterdam/ Mit vielen neuen/ schönen/ und accuraten Experimenten vermehrt/in richtigere Ordnung gestellet/ allenthalben verbessert/und von überflüßigen Prozessen gesaubert/ Nun aber auf Ersuchen guter Freunde ins Teutsche übersetzt/ und mit doppelten Registern versehen. Ein Werck/ so allen Medicis, Chymicis, Physicis, Apothekern, und ieden seine Gesundheit/liebenden höchst nötig und nützlich. JENA, Verleges Christoph Henrich Cröker/ Buchhänder/ Anno 1696.

[2] D.O.M.A Alchymistische Practic: Das ist/ Von künstlicher Zubereytung der vornebsten Chymischen Medicinen: In zweyen Tractätlein klärlich entdecket: Deren das Erste/ Von destillierten Wassern/ Öhlen/ Saltzen/ Extracten/ quintis essentiis, aquis vitae, floribus, balsamis, etc. Auß den vegetabilibus animalibus und mineralibus: zu allerley Innerlichen und Eusserlichen Artzneyen recht und gründtlich zubereyten: von einem unbekandten Arcisten/ auß eigner Erfahrung/ bester form/ auffs fleissigst und erewlichst beschrieben. Das Ander/ Vom Lapide Philosophorum: Wie derselbe künstlich soll

gemacht werden: ohn figurliche und Parabolische reden/ eigentlich und deutlich also gelehret/ daß der gleichen zuvor wissentlich niemals im Truck gesehen worden. Alle beyde/ nach vermögen/ und verleihung Göttlicher Gnadt/ corrigiert/ und erkläret/ Durch ANDREAM LIBAVIUM von Hall in Sachsen/ Medicum und Statt Physicum zu Rotenburg auff der Tauber. Wie Römischer und Kayserlicher Mayest. Privilegien auff sechs Jahr nicht nachzutrucken begnadet. Gedruckt zu Frackfort am Mayn/ bey Johann Saurn. In Verlegung Petri Kopffen. 1603.

[3]   Weinbuch. Das ist: Vom baw und pflege des Weins/ Wie derselbig nützlich sol gebawet/ Was ein jeder Weinziher oder Weinhawer zuthun schuldig/ Auch was für nutz und schaden durch sie kann außgericht werden. Allen Weingart Herren sehr nothwendig zu wissen. Daneben auch wie man allerley Kreuter und Brantwein/ Essig/ Meth/ und Bier/ machen/ erhalten/ und welche abgestanden/ wie denselbigen wider zuhelffen sey. Durch Johann Rasch/ Burger zu Wien/ an tag geben. Getruckt zu München/ bey Adam Berg. Mit Röm: May: Freyheit nit nachzutrucken. 1580 (handschriftlich).

[4]   Schnapsbrennen als Hobby, Bettina Malle, Helge Schmickel,   5. Auflage, 2007, Verlag Die Werkstatt GmbH, Göttingen.

[5]   Lehrbuch der Organischen Chemie, Dr. Wolfang Walter, Dr. Wittko Francke, 24. Auflage, 2004, S. Hirzel Verlag, Stuttgart.

[6]   Allgemeine und Anorganische Chemie, Michael Binnewies, Manfred Jäckel, Helge Willner, 2. Auflage, 2011, Spektrum Akademischer Verlag Heidelberg.

𝕷𝖎𝖙𝖊𝖗𝖆𝖙𝖚𝖗

[7]   Jander, Blasius - Lehrbuch der analytischen und präparativen anorganischen Chemie, Prof. Dr. Joachim Strähle, Prof. Dr. Eberhard Schweda, 15. Auflage, 2002, S. Hirzel Verlag Stuttgart.

[8]   Klinisches Wörterbuch, W. Pschyrembel, 100-106. Auflage, 1952, Walter de Gruyter Verlag, Berlin.

[9]   Das New Distilier Buch der rechten kunst/ von meister Hieronimo Brunschwig colligiert/ zu distilieren auß allen Kreütern die wasser/ mit einem leichtern sinn angezeigt/ unnd vorab das Register gerechtuertiget. Auch das Buch des hochberümbten Herren Marsilii fincini/ das lang leben betreffend/ unnd sunst vil nützlicher stück. Deren so vil/ das sie von manchem veracht/ doch probiert/ un ye leger ye meer recht erfunden seind. Und zu merer besserung diß buchs/ so ist auß Galieno und der alt berümpten Artzten hie durch den gantzen Herbarium ersucht/ durch alle Capitel ausserlesen die beste stuck/ uff dz du den Herbarium dabey magst haben/ so doch alle figuren im disilier buch stand. M. D. xxxvij. (1537)

[10]   Kreuterbuch, Künstliche ConterFeytunge der Bäume/ Stauden/ Hecken/ Kräuter/ Getreyde/ Gewürtze. Mit eygentlicher Beschreibung derselbigen Namen/ Underscheydt/ Gestalt/ Natürlicher Krafft und Wirckung. Item von fürnembsten Gethieren der Erden/ Vögeln/ und Fischen. Auch von Metallen/ Gummi/ und gestandenen Säfften. Sampt Distillierens künstlichem und kurtzem bericht. Jetzo gantz fleissig von newem durch sehen/ gebessert/ und weit uber alle vorige Edition gemehret/ Durch Adamum Lonicerum Medicum Physicum zu Franckfurt. Mit fleissigen vollkommenen Registern in Sechserley Sprachen/ Nemlich/ Griechisch/ Lateinisch/

Italienisch/ Frantzösisch/ Spanisch/ Teutsch. Auch besonderem Register der heylung allerhandt gebresten. Cum Inuictisimae Caeserae Maiestatis Gratia & Priuilegio, ad octennium. 1573. Zu Franckfurt am Mayn/ Bey Christian Egenolffs Erben.

[11]   Vom Bergkwerck xij Bücher darin alle Empter/ Instrument/ Bezeuge/ unnd alles zu disem handel gehörig/ mitt schönen figuren vorbilder/ und klärlich beschriben seindt/ erstlich in Lateinischer sprach/ durch den Hochgelerten und Weittberümpten Herrn Georgium Agricolam/ Doctoren unnd Bürgermeistern der Churfürstlichen statt Kempnitz/ jezundt aber verteüscht/ durch den Achtparen unnd Hochgelerten Herrn Philippum Bechium/ Philosophen/ Artzet/ und in der Loblichen Uniuersitet zu Basel Professorn. Froben. Getruckt zu Basel durch Jeronymus Froben/ und Niclausen Bischoff/ im 1557. jar mitt Keiserlicher Freyheit.

[12]   Eintrag von (a) Zink-, (b) Kupfer-, (c) Eisensulfat, (d) Kupfer(I)sulfid, (e) Kaliumcarbonat in der GESTIS Datenbank (2021). Eintrag von (f) Blei(II)oxid, (g) Kupfer, (h) Kupferacetat, (i) Schwefeltrioxid, (j) Kupferoxid, (k) Ammoniak, (l) Eisencarbonat in der GESTIS Datenbank (2022).

[13] a) FURNI NOVI PHILOSOPHICI Oder Beschreibung einer New=erfunden Distillir=Kunst: Auch was für Spiritus, Olea, Flores, und andere dergleichen Vegetabilische/ Animalische/ und Mineralische Medicamenten/ damit auff eine sonderbare Weise gantz leichtlich/ mit grossem Nutzen können zugerichtet und berytet werden. Auch wozu solche dienen/ und in Medicina, Alchimia, und anderen Künsten können gebraucht werden. Allen Liebhabern der Warheit/ und

Spagyrischen Kunst zu gefallen an Tag gegeben Durch J. Rudolphum Glauberum. Zu Amsterdam/ Bey Johan Jansson/ 1661. b) FURNI PHILOSOPHICI, Oder Philosophischer Oefen/ Ander Theil: Darinnen beschrieben wirdt deß zweyten Ofens Eigenschafft/ dadurch/ oder damit man alle flüchtige subtile und verbrennliche Dinge distillieren kan; Es seyen gleich Vegetabilia, Animalia oder Mineralia, auff eine unbekandte Weise/ sehr Compendiose; dadurch nichts verlohren wirdt/ sondern die aller subtilste Spiritus damit können gefangen unnd erhalten werden/ welches sonsten/ ohne diesen Ofen/ durch Retorten/ oder ander bekannte Distillier=Zeug unmüglich zu thun ist. Durch J. Rudolphum Glauberum zu Amsterdam/ bey Johan Jansson/ 1661.

[14]   Essig herstellen als Hobby, Bettina Malle, Helge Schmickel, 3. Auflage, 2020, Die Werkstatt Medien-Produktion GmbH, Göttingen.

[15]   Gottfried Rothens, Weyland Med. D. und Practici in Leipzig, Gründliche Anleitung zur Chymie, Darinnen nicht nur Die in derselben vorkommende Operationes, und die aus denen Operationibus entstehende Producta, Sondern auch die Praeperationes derer besten Chymischen Medicamenten Aus der berühmtesten Medicorum, sonderlich Ludovici, Wedelii, Stahlii &c. Schrifften, nebst andern, die man sonst rar und geheim gehalten, aufrichtig gewiesen wird. Dritte Auflage. Mit Königl. Pohln. und Churfürstl. Sächs. allergnädigstem PRIVILEGIO. LEIPZIG, bey Caspar Jacob Eysseln, 1727.

[16] Medicinisch=Chymisch   und   Alchemistisches Oraculum darinnen man nicht nur alle Zeichen und Abkürzungen welche so wohl in den Recepten und

Büchern der Aerzte und Apothecker als auch in den Schriften der Chemisten und Alchemisten vorkommen findet sondern deme auch ein sehr rares Chymisches Manuscript eines gewissen Reichs *** beygefüget. Ulm, 1772. bey August Lebrecht Stettin.

[17]   Von den ausgebrannten Wassern, 1478, Digitalisat der Staatsbibliothek zu Berlin (PPN798827114). Incipit: Hienach volget ein nntzliche materi von manigerley auß gepranten wasser/ wie man die nutzen und pruchen sol zu gesundheyt der menschen.

[18]   Feldtbuch der wundtartzney. Mit Keyserlicher freyheit gedruckt zu Straßburg durch Joanne Schott, 1517.

[19]   Der aufrichtige Materialist und Specerey=Händler oder Haupt= und allgemeine Beschreibung derer Specereien und Materialien: Darinnen In dreien Classen, derer Kräuter, Thiere und Materialien alles und iedes, womit die Physica, Chymia, Pharmacia und andere hoch=nützliche Künste pflegen umzugehen, begriffen und enthalten ist, danebst einem ausführlichen Discurs, Darinnen aller und ieder Namen erkläret und ausgelegt, ihr Vaterland, wo sie wachsen und fallen, angedeutet, die Art und Weise, wie die wahrhafften von den falschen zu unterscheiden, gewiesen, und endlich ihre Eigenschaften Kräfte und Tugenden angezeiget, zugleich auch die Irrthümer und Fehler alt= und neuer Skribenten angemercket werden. Ein dem gemeinen Besten höchst=nützliches Werck, auf Befehl und Verordnung des Herrn Fagon, Königl Französischen Staats=Raths und obersten Leib=Medici in Französischer Sprache nebst etlichen hundert Kupfern ausgefertigt von Peter Pomet, Specerey=Händlern in Paris. Wegen sonderbarer

Würdigkeit ins Deutsche übersetzt. LEIPZIG, im Verlag Johann Ludwig Gleditschs und Moritz Georg Weidmanns, Anno 1717.

[20] Lehrbuch der Chemie für Gymnasien. Herausgegeben von Wilhelm Ludwig, 1. Band. Anorganische Chemie. Bearbeitet von W. Ludwig und F. Goetze. 12. Auflage. 1968. C.C. Buchners Verlag, Bamberg.

[21] Franz Döbereiner: Das Blei und seine gefährlichen Wirkungen. II aus: Die Gartenlaube, Heft 10, S. 134–136. 1858.

[22] Die Kitt-, Leim-, Cement- und Mörtel-Fabrikation mit Einschluss der Kalk- und Gypsbrennerei nach den bewährten Quellen sowie auf Grund eigener Erfahrungen, Wilhelm Leonhardt, 1863.

[23] Sicherheitsdatenblatt von Gold(III)oxide Thermo Fisher (Kandel) GmbH, 4. Februar 2021.

[24] Der grossen Wundartzney - das Erst Buch/ Des Ergründten und bewerten/ der bayden artzney/ Doctors Paracelsi/ vo allen wunden/ stich/ schüß/ brand/ thierbiß/ baynbrüch/ und alles was die wundartzney begreifft/ mit gantzer haylung und erkantnis aller zufäll/ gegenwertier und künfftiger/ ohn allen gebresten angezeygt/ Von der alten unnd neuwen künsten erfyndung/ nichts underlassen. Getruckt nach dem ersten Exemplar/ so D. Paracelsi handschriftlich gewesen. Geschriben zu dem Großmechtigsten/ Durchleüchtgsten Fürsten und Herrn/ Herrn Ferdinanden rc. Römischen Künig/ Ertzhertzog zu Osterreich rc. Aufgetaylt inn drey Tractaten [...] Das alles mit Keys. und Kün. Maiestat Freyheyten begnadet/ nit

nachzutrucken/ on erlaupniß zu keyner zeit/ bey peen/ xx
marck lötigs golds. Getruckt zu Augspurg bey Heynrich
Styner/ Im Jar. M. D. XXXVI. (1536)

[25]   a) Brockhaus' Kleines Konversations-Lexikon,
Band 1, S. 495, 5. Auflage, 1911, Leipzig. b) Pierer's
Universal-Lexikon, Band 9, S. 911, 1860, Altenburg.

[26]   Brockhaus' Kleines Konversations-Lexikon, Band
2, S. 597, 5. Auflage, 1911, Leipzig.

[27]   a) Organikum, Klaus Schwetlick, 23. Auflage,
2009,   Wiley-VCH   Verlag   GmbH   Weinheim.   b)
Arbeitsmethoden in der Organischen Chemie, Siegfried
Hünig, Peter Kreitmeier, Gottfried Märkl, Jürgen Sauer,
2006, Verlag Lehmanns Berlin.

[28]   Zum   allgemeinen   Gebrauch   Wohlgerichtete
Destillier-Kunst, welche in dem ersten Theil von Ab- und
Eintheilung,   Werkzeugen,   allgemeinen   Arbeiten,   und
allem   dem   was   diese   Kunst   überhaupt   angehet,
gnugsame Nachricht giebet; In dem andern Theil aber In
bey   nahe   zweyhundert   Processen,   die   Bereitung
verschiedener destillierter Wässer, Branndtweine, Aqua
vitae, Rossolis, flüchtiger= saurer= mineralischer Geister,
Oele,   Essenzen,   Extrakte   und   andrer   truckner
Chemischen Artzneyen deutlich vorträget; und Endlich in
dem dritten Theile in viertzig Prozessen vom Einmachen
mit Zucker und andern dahin gehörigen Confitur-Künsten,
einigen   Unterricht   mittheilet: Nicht   nur   den   Aertzten,
Wund=Aertzten   und   Apothekern,   sondern   auch
Weinbrennern   und   Destillatoribus,   ingleichen
Hauß=Vätern   und   andern   Liebhabern   dieser
Wissenschaft,   zu   besondern   Nutzen   und   Gebrauch
aufgesetzet Von D. Gottfried Heinrich Burghart, Med.

Prat. Zu Breßlau. Mit Kupffern und einem hinlänglichen Register. Breßlau bei Johann Jacob Korn. 1736.

[29] DE OCCVLTA PHILOSOPHIA. Oder Von der heimlichen Wundergeburt der sieben Planeten und Metallen / Fratris Basilii Valentini, Bededicter Orderns/ neben einer Taffel der gantzen Philosophischen Weißheit. Jtzo gantz newe außgangen/ und in Druck verfertigt Durch Johan Thölden Hessum. In vorlegung Jacob Apets Buch: Im Jahr 1603.

[30] Chymisches ETWAS in Nichts / Das ist: Wie der hochberühmte Stein der Weisen Als Eine edle Gabe GOttes/ entfernet, Und in hohen Dingen vergeblich gesuchet, Aber Nahe, und in geringen, glücklich wird gefunden, In Etwas, Doch gründlich entworffen, Und Mit einem vollständigem Register versehen/ Von einem/ der sich Mit In GOtt BeLustiget. Dresden und Leipzig. Zu finden bey Gottfried Leschen. 1722.

[31] Neuvermehrter Chymischer Handleiter/ und Guldnes Kleinod: Das ist Deutliche Unterweisung/ wie man die von Chymischer Wissenschafft ins gemein handelende Schrifften recht verstehen Und Nach Ordnung der Spagyrischen und Apotheckerischen Bereit=Kunst die darzu erforderte würckliche Operation gebührlich verrichten/ die Vegetabilia, Animalia, und Mineralia, ohne Einbuß ihrer wesentlichen Kräfte bereiten; auch die Fehler, welche ehdessen in den gemeinen Apothecken begangen worden/ abschaffen/ und nach der heutigen Verbesserung alle Bereitungen anstellen müsse: Vormals treufleissigst in Frantzösischer Sprache beschrieben/ durch N. LE FEBURE, Seiner Kön. Maj. In Frankreich ordinar=Apotheckern/ und Chymischen Destillatorn, &c. Anitzo aber auf Ersuchen guter Freunde

aufs Neue durchaus in vielem noch mehr erläutert/ und mit häuffigen Secreten und nützlichen Artzneystücken vermehrt/ und zum andern mal durch den Druck publiciret von JOH. HISKIA CARDILUCIO. Mit Chur.=Fürstl. Sächsischen Privilegio. Nürnberg/ In Verlegung Joh. Andreae Endters Sel. Söhne. M. DC. LXXXV. (1685)

[32] Adeptus Ineptus Oder Entdeckung der falsch berühmten Kunst ALCHIMIE genannt: Darin die Nichtigkeit solcher Kunst klärlich erwiesen, der Alchimisten Principia untersucht und widerlegt, ihre Betrügereyen eröffnet, und die Unmöglichkeit der Metallen=Verwandlung wenigstens auf das wahrscheinlichste dargethan, Wie auch von der Universal-Medicin und anderen vorgegebenen Alchimistischen Kunst=Stücken gehandelt wird. Von THARSANDERN. Berlin bey AMBROSIUS HAUDE, 1744.

[33] Curieuse Untersuchung Etlicher Mineralien, Thiere und Kräuter, insonderheit Derer sich die Sophisten in praeparirung des Lapidis bedienen. Nebst Entdeckung der meisten hierbey vorfallenden Sophistereyen und falschen Processen/ Wie auch völliger Anweisung zu der wahren Materie, und rechten Bereitung Des Philosophischen Steins/ Mit allen darzu nöthigen Handgriffen und Observationibus Treuhertzig mitgetheilet/ Von Einem Liebhaber der curieusen Wissenschaften und Membro des Collegii Curiosorum in Teutschland [...]. (1700)

[34] Experimente mit Supermarktprodukten, Prof. Dr. Georg Schwendt, 3. Auflage, 2009, Wiley-VCH Verlag GmbH & Co KGaA, Weinheim.

[35]   Crystal Structure of Iron(II) Acetate, Birgit Weber, Richard Betz, Wolfgang Bauer, Stephan Schlamp, Z. Anorg. Allg. Chem. 2011 Volume 637, Issue 1, Pages 102-107.

[36] Anleitung zur qualitativen Analyse, Ernst Schmidt, Herausgegeben von Dr. J. Gadamer. 9. Auflage, 1922, Springer-Verlag Berlin Heidelberg GmbH.

[37]   Handbook of the hospital corps. United States Navy, 1939, Published by the bureau of medicine and sugary und der authority of the secretary of the NAVY, Washington 1939.

[38]   Ätherische Öle selbst herstellen, Bettina Malle, Helge Schmickel, 7. Auflage, 2021, Verlag Die Werkstatt GmbH, Göttingen.

[39]   Riechstoffe und Gerichssinn. Die molekulare Welt der Düfte. Günther Ohloff, 1990, Springer-Verlag Berling Heidelberg.

[40]   Lehrbuch der Biochemie, Donald Voet, Judith G. Voet, Charlotte W. Pratt, 3. Auflage, 2019, Wiley-VCH Verlag GmbH & Co. KGaA, Weinheim.

[41] Fr. BASILII VALENTINI Ordin. Benedict. Chymische Schriften, aus einigen Alten MSten aufs fleißigste verbessert, mit vielen Tractaten, auch etlichen Figuren vermehret, und nebst Einem vollständigen Register in Drey Theile verfasset: Samt einer neuen Vorrede, von Beurtheilung der Alchemistischen Schriften und dem Leben des BASILII, begleitet von BENED. NIC. PETRAEO, Med. D., Fünfte Edition. Hamburg, bey Gottfried Richter, MDCCXL. (1740)

[42] GEORGII RIPLAEI, Canonici in England zu Bridlington, Chymische Schrifften/ Darinnen von dem gebenedeyten Stein der Weisen und desselben Kunstreichen Praeparation gründlich gehandelt wird. Nach der lateinisch= und Englischen Edition Herrn William Salmon, Profess. Phys. ins Teutsche übersetzet durch Benjamin Roth=Scholzen, Phil. & Med. Doct. Nürnberg/ Bey Johann Daniel Taubers seel. Erben. An 1717.

[43] Conspectus CHEMIAE THEORETICO-PRACTICAE. Vollständige Abhandlung der CHEMIE Nach ihrem Lehr=Begrif und der Ausübung, darin Die Naturlehre, besonders von den Mineralien, der natürlichen Körper ersten Bestandtheile, Verhalten gegen einander, Eigenschaften, Kräfte und Gebrauch, zur wohlgegründeten und nützlichen Anwendung in der Apotheckerkunst, andern Künsten und Handwercken, der Hauswirtschaft und gemeinem Leben, Vornehmlich nach Bechers und Stahls Grundlehren ausgeführt, und mit eben dieser, wie auch anderer brühmten Chemicorum Erfahrungen bestätigt werden. von D. Johann Juncker, der Medicin öffentlichen Lehrer auf der Friedrichs=Universität. Aus dem Lateinischen ins Teutsche übersetzt. [Teil 1-3]. Halle, in Verlegung des Waysenhauses a) Teil 1 (1749) b) Teil 2 (1750) c) Teil 3 (1753).

[44] Theobald von Hoghelande aus Mittelburg, Abhandlung von denen Hindernissen bey der Alchimie. Darin gezeigt wird, was ein Liebhaber dieser Kunst zu wissen, und zu meiden hat, wenn er zur Vollkommenheit gelangen will. Aus dem Lateinischen in das Deutsche übersetzet. Gotha, Verlegts Christian Mevius, 1749.

𝕷𝖎𝖙𝖊𝖗𝖆𝖙𝖚𝖗

[45]   a) C. Darmali, S. Mansouri, N. Yazdanpanah, M. W. Woo, Ind. Eng. Chem. Res. 2019, 58, 1463–1479 (DOI: 10.1021/acs.iecr.8b04560). b) J. Orehek,D. Teslic, B. Likozar, Org. Process Res. Dev. 2021, 25, 16–42 (DOI: 10.1021/acs.oprd.0c00398). c) S. Jungblut, C. Dellagoa, Eur. Phys. J. E 2016, 39: 77, 1-38 (DOI: 10.1140/epje/i2016-16077-6) d) J. Chen, B. Sarma, J. M. B. Evans, A. S. Myerson, Cryst. Growth Des. 2011, 11, 887–895 (DOI: 10.1021/cg101556s).

[46]   CRC Handbook of Chemistry and Physics A Ready-Reference Book of Chemical and Physical Data. Editor Robert C. Weast, Ph. D., 53rd Edition, 1972-1973, Chemical Rubber Co, Cleveland (Ohio).

[47]   Z. Lin, D. Han, S. Li, J. Therm. Anal. Calorim. 2011, 107(2), 471-475.

[48]   Handbuch der Anorganischen Chemie unter Mitwirkung von Dr. Benedict, Dr. Gadebusch, Dr. Haitinger, Dr. Lorenz, Prof. Dr. Nernst, Dr. Philipp, Prof. Dr. Schellbach, Prof. Dr. von Sommaruga, Dr. Stavenhagen, Prof. Dr. Zeisel. Herausgegeben von Dr. O. Dammer. Drei Bände, 3. Band. Stuttgart. Verlag von Ferdinand Enke. 1893.

[49]   Stellvertretend für weitere Publikationen dieser Arbeitsmethode: A. S. Bhat, S. M. Elbert, W.-S. Zhang, F. Rominger, M. Dieckmann, R. R. Schröder, M. Mastalerz, Angew. Chem. Int. Ed. 2019, 131 (26), 8911-8915 (DOI: 10.1002/ange.201903631).

[50]   a) P. R. B. Kozowyk, M. Soressi, D. Pomstra, G. H. J. Langejans, Sci Rep 2017, 7, 8033 (DOI: 10.1038/s41598-017-08106-7). b) P. P. A. Mazzaa, F. Martini, B.

Literatur

Sala, M. Magi, M. P. Colombini, G. Giachi, F. Landucci, C. Lemorini, F. Modugno, E. Ribechini, J. Archaeol. Sci. 2006, 33, 1310–1318, (DOI:10.1016/j.jas.2006.01.006).

[51]   a) Fr. Basilii Valentini Ordin. Benedict. Via Veritatis oder. Der einige Weg zur Warheit/ Wie er solchen ehemals beschrieben hinterlassen; Nun aber um dessen Fürtrefflichkeit willen denen Liebhabern der Wahren Weißheit zu Dienst den Sendivogianischen Schrifften mit beygefügt durch Friedrich Roth-Scholzen Siles. Nürnberg/ bey joh. Dan. Tabuers seet. Erben. 1718. b) Deutsches THEATRUM CHEMICUM. Auf welchem der berühmtesten Philisophen und Alchymisten Schrifften, Die von dem Stein der Weisen, von Verwandlungen der schlechten Metalle in bessere, von Kräutern, von Thieren, von Gesund= und Sauer=Brunnen, von warmen Bädern, von herrlichen Artzneyen und von andern grossen Geheimnüssen der Natur handeln, welche bißhero entweder niemahls gedruckt, oder doch sonsten sehr rar worden sind. vorgestellt werden durch Friedrich Roth-Scholtzen. Herrenstadio-Silesium. Erster Theil, Nürnberg bey Adam Jonathan Felßeckern, 1728. Seite 1: Herrn JO. FRANC. BVDDEISS. Th. D. und Prof. Publ. Ord. Hoch=Fürstl.   Sachsen=Hildburghausischen Hochverdienten Kirchen=Raths rc. Historisch= und Politische Untersuchung von der Alchemie, und was davon zu halten sey? Aus dem Lateinischen ins Teutsche übersetzet. Nun aber zum Druck befördert durch Friedrich Roth=Scholtzen Herrenstadio-Silesium. Nürnberg bey Adam Jonathan Feßeckern, An. 1733.

[52]   P. Masset, J. Poinso, J. Poignet, J. Therm. Anal 2006, 83(2), 457-462 (DOI: 10.1007/s10973-005-7267-6).

[53]   Excel With Subjective Chemistry For Cbse-Pmt

Final Examinatioy, Prof. S. K. Khanna, Dr. N. K. Verma, Dr. B. Kapila, 2008, Laxmi Publications Pvt Limited, Veröffentlicht von Golden Bella, New Delhi, gedruckt Sanjeev Offset Press, Delhi.

[54]   Der grosse Brockhaus, Band 1, 16. Auflage, 1953, F.A. Brockhaus Wiesbaden.

[55]   J. N. Niekerk, F. R. K. Schoeiing, Acta. Cryst. 1953, 6, 227-232.

[56]   a) Holleman-Wiberg, Lehrbuch der Anorganischen Chemie, 71.-80. Auflage, 1971, Walter de Gruyter & Co. Verlag, Berlin. b) Holleman-Wiberg, Lehrbuch der Anorganischen Chemie, 91.-100. Auflage, 1985, Walter de Gruyter & Co. Verlag, Berlin.

[57]   Lehrbuch der Anorganischen Chemie nach den neusten Ansichten der Wissenschaft von Dr. Ph. Th. Büchner, ordentlicher Professor der Chemie und Vorstand des chemischen Laboratoriums an der grossh. Polytechnischen Schule zu Darmstadt. Mit zahlreichen in den Text eingebundenen Holzstichen und einer farbigen Spectraltafel. Braunschweig, Druck und Verlag von Friedrich Vieweg und Sohn. 1871.

[58]   a)   Decarboxylation   of   Carboxylic   Acids, Chemgapedia (abgerufen 27. Februar 2021, 14:40 Uhr unter: http://www.chemgapedia.de/vsengine/vlu/vsc/en/ch/12/oc/vlu_organik/c_acid/reaktionen_organoli_carbons.vlu/Page/vsc/en/ch/12/oc/c_acid/decarbox/decarbox.vscml.html). b) Decarboxylierung, Wikipedia (abgerufen 27. Februar 2021, 14:41 Uhr unter: https://de.wikipedia.org/wiki/Decarboxylierung). c) Oxygen Containing Compounds -

Keto Acids and Esters, MCAT Review Psychology (abgerufen 27. Februar 2021, 14:42 Uhr unter: http://mcat-review.org/keto-acids-esters.php).

[59] Das Deutsche Apotheken-Museum. Elisabeth Huwer, herausgegeben von der Deutschen Apotheken Museum-Stiftung. 3. Auflage, 2015. Verlag Schnell & Steiner GmbH, Regensburg.

[60] Neu eingerichtetes Lexikon pharmaceuticum, Apotheker=Lexicon, teutsch=lateinisch/ und lateinisch=teutsch/ beide nach dem Alphabet, Die Stücke/ welche es triplici Regno, oder dreifachem Natur=Reiche/ als regno Minerali, Vegetabili, Animali, in der Medicin, Apotheke und Chirurgie gebräuchlich, zu finden: Darbey auch die Praeparata was von jedem Stück zu haben/ nicht weniger als die Vires und Doses gesetzt worden, um sich desto besser und leichter darein zu richten; Vor diejenigen/ welche der edlen Medicin, Apothecker=Kunst und Chirurgie zugethan/ nötig; vor andere aber/ welche nicht der gleichen Profession, nützlich und annehmlich zu lesen, und zu gebrauchen Mit sonderm Fleiß und Mühe also eingerichtet und zum anitzo zum Drittenmahle in Druck gegeben Von L. Christoph Hellwign/ P.L.C. & Pract. Erffurt. Franckfurt und Leipzig, in Verlegung Johann Christoph Stöffels Seel. Erben in Erffurt. 1714.

[61] COURS DE CHYMIE, CONTENANT LA MANIERE DE FAIRE les Opérations qui sont en usage dans le Medecine, par une Méthode facile, AVEC DES RAISEONNEMENS sur chaque Opération, pour l'instruction de ceux quó veulent s'appliquer à cette Science. Par M. NICOLAS LEMERY, de l'Academie Royale des Sciences Docteur en Medecine. DERNIERE EDITION, Revue, corrigée et augmentée par l'Auteur. A

BRUXELLES, Chex JEAN LEONARD, Libraire rue de la Cour, M. D. CC. XLIV. AVEC PRIVILEGE DE SA MAJESTE. (1644)

[62]   COURS de CHYMIE, Oder: Der vollkommene CHYMIST, Welcher Die in der Medicin gebräuchlichen Chymischen Processe auff die leichteste und heilsamste Art machen lernt/ Und mit den scharffsinnigsten Anmerckungen und Urtheilen über jeden Proceß die Liebhaber dieser Wissenschafft weiter anführet: Wie er von Herrn Niclas Cemery/ Der Medicin hochberühmten Doctoren/ und Königlichen Französischen Hoff=Apotheckern zu Pariß/ herausgegeben/ und Aus der neusten Franz. Edition ins Teutsche übersetzet/ Und bey ietziger andern Aufflage auffs neue und correcteste revidieret. DRSEDEN, bey Johann Jacob Wincklern, 1705.

[63]   Redivivus Fr. Basilius Valentinus, Benedictiner Ordens. Das ist: Eine gründliche/ wahrhaffte und außführliche Erklärung Des Von Basilio Valentino in seinem Buch Uber den Grossen Stein der uralten Weisen Reimen=weis gesetzten Proceß, Bestehend In einer nicht sophistischen/ sondern gründlich und wahrhafften Beschreibung/ Wie der gebenedeyte Stein der Weisen/ Auf den heutigen Tag noch so wohl könne gemacht werden/ als selbiger schon vor etlich tausend Jahren gemacht worden ist/ Womit Die alte und neue PHILOSOPHI, Alle ihre und sonst unheylbare Kranckheiten an Menschen und Metallen fundamentaliter curirt und gehyelt haben. Allen armen Krancken/ auch verlassenen Wittwen und Waysen treuhertzig herauß gegeben Von Johann Joachim Weitbrett/ Chirurgo zu Deckenpfronde/ Calwer Amts. Anno 1723.

[64] Der Ascherückstand von Kohlefeuer wurde in Wasser für zwei Minuten aufgeschlämmt. Nach Sedimentieren der unlöslichen Feststoffe wurde der pH-Wert durch pH-Steifen ermittelt und ergab einen ph-Wert von 10.

[65] I.Fujii, K.Tsuchiya, M.Higano, J.Yamada, Solar Energy 1985, 34(4-5), 367-377.

[66] ISC CHEMISTRY Book 2 for Class - XII, Dr. R. D. Madan, B. S. Bishit, S. Chand Publishing, 2022.

[67] N. Kanari, N.-E. Menad, E. Ostrosi, S. Shallari, F. Diot, E. Allain, J. Yvon, Metals 2018, 8(12), 1084 ff.

[68] E. R. Lovejoy, D. R. Hanson, L. G. Huey, J. Phys. Chem. 1996, 100, 51, 19911–19916.

[69] C. W. Volney, J. Am. Chem. Soc. 1891, 13, 9, 246–251.

[70] K. L. Chavez, D. W. Hess, J. Electrochem. Soc. 2001, 148(11)G640-G643.

[71] a) K. C. Patil, G. V. Chandrashekhar, M. V. George, C. N. R. Rao, Can. J. Chem. 1968, 46, 257-265; b) I. Youssef, S. Sall, T. Dintzer, S. Labidi, C. Petit, Am. J. Anal. Chem., 2019, 10, 153-170; c) M. D. Judd, B. A. Plunkett, M. I. Pope, J. Therm. Anal. Calorim. 1974, 6, 555–563.

[72] Thermal Hydraulics Aspects of Liquid Metal Cooled Nuclear Reactors, Ferry Roelofs, 2018, Elsevier Science.

[73]   Grundlagen, Pigmente und Farbmittel, Ingo Klöckl, 2020, De Gruyter.

[74]   J. Aromaa, M. Kekkonen, M. Mousapour, A. Jokilaakso, M. Lundström Corros. Mater. Degrad. 2021, 2(4), 625-640.

[75]   P. Keil, D. Lützenkirchen Hecht, R. Frahm AIP Conference Proceedings, 2007, 882, 490–492.

[76]   R. Q. Thompson, Research Square 2022 (DOI 10.21203/rs.3.rs-1915319/v1)

[77]   Der grossenn Wundartzney - das Erst Buch/ Des Ergründten und bewerten/ der Bayden artzney/ Doctors Paracelsi/ vo allen wunden/ stich/ schüß/ bränd/ thierbiß/ baynbrüch/ und alles was die wundartzney begreifft/ mit gantzer haylung und erkantniß aller zufall/ gegenwertiger und künfftiger/ ohn allen gebresten angezeygt/ Von der alten und newen künsten erfyndung/ nichts underlassen. Getruckt nach dem ersten Exemplar/ so D. Paracelsi handgeschrifft gewesen. Geschrieben zu dem Großmechtigsten/ Durchleüchtigsten Fürsten und Herrn/ Herrn Feridanden rc. Römischen Künig/ Ertzherzog zu Osterreich rc. Außgetayt inn drey Tractaten: [...] Getruckt zu Augspurg bey Heynrich Steyner/ Im Jar. M. D. XXXVI.

[78]   a) S. Dutta, B. Vinnerås, Water Sci. Techol., 2016, 74.6, 1436-1445; b) P. Kuntke, K.M. Smiech, H. Bruning, G. Zeeman, M. Saakes, T.H.J.A. Sleutels, H.V.M. Hamelers, C.J.N. Buisman, Water Research 2012, 46, 2627-2636; c) P. Simha, Doctoral Thesis No. 2021:28, Alkaline Urine Dehydration, Faculty of Natural Resources and Agricultural Sciences, Swedish University of

Literatur

Agricultural Sciences, Uppsala 2021; d) R. L. Blakeley, A. Treston, R. K. Andrews, B. Zerner, J. Am. Chem. Soc. 1982, 104, 612-614.

Abbildungsverzeichnis

Seite 1, 9, 13, 16 (rechts), 26, 30, 31, 34, 35, 36, 39, 40, 41, 44, 50, 51, 55 (oben, mitte), 57, 61, 71, 72, 75, 87, 94, 100: Nach originalen Vorlagen des 16/17/18. Jahrhunderts; Seite 14, 16 (links), 32, 45, 55 (unten) nach zeitgenössischen Abbildungen illustriert vom Autor. Fließbild auf Seite 62 und 63 erstellt vom Autor.